유클리드가 들려주는 삼각형 이야기

수학자가 들려주는 수학 이야기 04

유클리드가 들려주는 삼각형 이야기

ⓒ 안수진, 2007

초판 1쇄 발행일 | 2007년 12월 25일
초판 30쇄 발행일 | 2024년 10월 11일

지은이 | 안수진
펴낸이 | 정은영

펴낸곳 | (주)자음과모음
출판등록 | 2001년 11월 28일 제2001-000259호
주소 | 10881 경기도 파주시 회동길 325-20
전화 | 편집부 (02)324-2347, 경영지원부 (02)325-6047
팩스 | 편집부 (02)324-2348, 경영지원부 (02)2648-1311
e-mail | jamoteen@jamobook.com

ISBN 978-89-544-1545-3 (04410)

유클리드가 들려주는

삼각형 이야기

| 안 수 진 지음 |

㈜자음과모음

수학자라는 거인의 어깨 위에서
보다 멀리, 보다 넓게 바라보는 수학의 세계!

수학 교과서는 대개 '결과'로서의 수학을 연역적으로 제시하는 경향이 강하기 때문에 학생들은 수학이 끊임없이 진화해 왔다는 생각을 하기 어렵습니다. 그렇지만 수학의 역사는 하나의 문제가 등장하고 그에 대해 많은 수학자들이 고심하고 이를 해결하는 가운데 새로운 아이디어가 출현해 온 역동적인 과정입니다.

〈수학자가 들려주는 수학 이야기〉는 수학 주제들의 발생 과정을 수학자들의 목소리를 통해 친근하게 이야기 형식으로 들려주기 때문에 학생들이 수학을 '과거 완료형'이 아닌 '현재 진행형'으로 인식하는 데 도움이 될 것입니다.

학생들이 수학을 어려워하는 요인 중의 하나는 '추상성'이 강한 수학적 사고의 특성과 '구체성'을 선호하는 학생의 사고의 특성 사이의 괴리입니다. 이런 괴리를 줄이기 위해서 수학의 추상성을 희석시키고 수학 개념과 원리의 설명에 구체성을 부여하는 것이 필요한데, 〈수학자가 들려주는 수학 이야기〉는 수학 교과서의 내용을 생동감 있게 재구성함으로써 추상적인 수학을 구체성을 갖는 수학으로 변모시키고 있습니다. 또한 중간중간에 곁들여진 수학자들의 에피소드는 자칫 무료해지기 쉬운 수학 공부에 있어 윤활유 역할을 할 수 있을 것입니다.

〈수학자가 들려주는 수학 이야기〉의 구성을 보면 우선 수학자의 업적을 개략적으로 소개하고, 6~9개의 강의를 통해 수학 내적 세계와 외적 세계, 교실 안과 밖을 넘나들며 수학 개념과 원리들을 소개한 후 마지막으로 강의에서 다룬 내용들을 정리합니다. 이런 책의 흐름을 따라 읽다 보면 각 시리즈가 다루고 있는 주제에 대한 전체적이고 통합적인 이해가 가능하도록 구성되어 있습니다.

〈수학자가 들려주는 수학 이야기〉는 학교 수학 교과 과정과 긴밀하게 맞물려 있으며, 전체 시리즈를 통해 학교 수학의 많은 내용들을 다룹니다. 예를 들어 《라이프니츠가 들려주는 기수법 이야기》는 수가 만들어진 배경, 원시적인 기수법에서 위치적 기수법으로의 발전 과정, 0의 출현, 라이프니츠의 이진법에 이르기까지를 다루고 있는데, 이는 중학교 1학년의 기수법의 내용을 충실히 반영합니다. 따라서 〈수학자가 들려주는 수학 이야기〉를 학교 수학 공부와 병행하면서 읽는다면 교과서 내용의 소화 흡수를 도울 수 있는 효소 역할을 할 수 있을 것입니다.

뉴턴이 'On the shoulders of giants'라는 표현을 썼던 것처럼, 수학자라는 거인의 어깨 위에서는 보다 멀리, 넓게 바라볼 수 있습니다. 학생들이 〈수학자가 들려주는 수학 이야기〉를 읽으면서 각 수학자들의 어깨 위에서 보다 수월하게 수학의 세계를 내다보는 기회를 갖기 바랍니다.

홍익대학교 수학교육과 교수 | 《수학 콘서트》 저자 **박 경 미**

형의 세계에 살고 있는
꼬마 수학자들을 위한 '삼각형' 이야기

매일 아침 수정이는 학교 가기 전 거울 앞에 서서 옷매무새를 다듬어 봅니다. 어제 먹은 간식 때문에 배가 더 나오지는 않았는지 어제보다 키가 더 커지지는 않았는지 한참을 들여다 봅니다.

거울 속으로 확인하는 모습에는 옷의 색깔이나 디자인도 있지만 전체적인 모양과 몸의 크기, 부피가 있습니다. 바람에 나부끼는 나뭇잎들도 자신의 모양을 가지고 있고, 추운 겨울에 내리는 눈송이도 작은 알갱이들을 관찰해 보면 특별한 모양을 가지고 있습니다.

우리는 태어날 때부터 모든 물건과 자연의 모양을 살피고 관찰합니다. 세모나고, 네모나고, 동그란, 크고 작은 사물들을 보면서 모양들의 공통적인 특징을 발견하게 됩니다. 사람들은 다른 동물들과 달리 이런 사물들의 공통된 특징만을 구분하여 '삼각형, 사각형, 원 …' 등과 같이 추상적인 개념을 만들었습니다.

고대부터 인간들은 추상적인 무늬를 보면서 아름다움을 느꼈고, 농사를 짓고 건물을 지으면서 도형에 대한 많은 지식들을 쌓아 갔습니다. 그러나 그리스 시대까지 이런 지식들은 그야말로 그때그때 주어진 문제를 해결하는 데 잠시 사용되는 간단한 상식에 가까웠습니다.

2000여 년 전 그리스인들은 마침내 도형의 세계에 '논리'라는 생명을 불어넣습니다. '왜 그럴까?' 하는 의문과 호기심을 지닌 그리스인들은 '기하학'이라는 도형의 과학을 만들게 됩니다.

위대한 그리스 수학자 유클리드는 자신이 생각한 것들과 당시 발전한 '기하학'의 내용들을 모두 모아《기하학 원본》을 발표했습니다. 이것을 통해 삼각형, 사각형 등 기본적인 도형의 성질에 대해 논리적으로 알려 주었습니다.

이 책은 삼각형에 대한 기본적인 정의와 성질을 우리 주변의 사물에서 그 예를 찾아 설명하고, 유클리드 같은 수학자들의 논리적인 증명을 소개해 주고 있습니다.

눈에 보여지는 모양에 대한 관찰에서 시작하여 추상적인 도형의 성질을 이해하고 생각하게 되면서 점차 우리의 생각하는 힘도 함께 커질 것입니다. 어려운 수학 내용이라는 편견에서 벗어나 즐거운 마음으로 삼각형의 이모저모에 대해서 알아보는 시간이 되면 좋겠습니다.

2007년 12월 안 수 진

1 이 책은 달라요

《유클리드가 들려주는 삼각형 이야기》는 삼각형의 정의와 성질, 합동조건 등 삼각형과 관련된 여러 가지 내용들을 실생활에서 찾을 수 있는 예와 수학 역사 속의 이야기를 통해 재미있게 알려줍니다. 아이들은 유클리드 선생님과 함께 집 안에 있는 물건부터 야외에 있는 건축물까지 관찰하며 도형에 대한 이해를 넓히고 역사 속에서 혹은 생활 속에서 삼각형의 성질을 이용하여 해결할 수 있는 문제 상황을 만나면서 기본 도형인 삼각형의 중요한 특징과 성질, 정리들을 자세히 알게 됩니다.

2 이런 점이 좋아요

1 우리 주변에 있는 모든 물건과 자연 속에 도형이 담겨 있음을 깨닫게 됩니다. 삼각형에 관련된 특성들이 추상적인 수학 내용이 아니라 많은 나라에서 오래전부터 그 성질이 알려지고 이용된 소중한 문화유산이며 동시에 현재에도 활발히 이용되는 중요한 지식임을 알게 됩

니다.

2 초등학생과 중학생에게는 수업 시간에 배우는 모든 내용들이 정의부터 정리의 증명까지 알기 쉽게 설명되어 있습니다. 도형 단원에서 등장하는 삼각형과 관련된 많은 응용문제들이 수학사적 자료를 생활 문제로 각색한 상황 속에 담겨 있습니다.

3 고등학생에게는 도형 부분에서 삼각형에 관련된 기초적인 내용과 역사적 에피소드를 알고 있는지 기초 지식을 점검할 수 있는 책으로 수리 논술 대비로 쉽게 읽을 수 있는 교재입니다.

3 교과 과정과의 연계

구분	단계	단원	연계되는 수학적 개념과 내용
초등학교	4-가	각과 여러 가지 삼각형	이등변삼각형, 정삼각형, 예각·둔각·직각삼각형
	4-가	내각의 크기	삼각형의 내각의 합
	5-나	합동과 대칭	합동의 이해, 합동인 도형의 식별, 조건에 맞는 삼각형 그리기
중학교	7-나	기본 도형	평행선의 성질, 삼각형의 결정조건 및 합동조건
	8-나	삼각형의 성질	이등변삼각형의 성질, 직각삼각형의 합동조건
	9-나	피타고라스의 정리	직각삼각형의 성질, 피타고라스의 정리

4 수업 소개

첫 번째 수업 _ 삼각형이 왜 기본 도형일까요?

삼각형은 어떤 도형인지 그 정의를 알아보고 삼각형이 기본 도형으로 불리는 이유를 공부합니다.

- 선수 학습 : 점, 선, 면에 대한 이해, 기본적인 평면도형
- 공부 방법 : 우리 주변 물건과 자연에 담겨 있는 삼각형 모양을 관찰하면서 기본 요소인 점, 선으로 만들어지는 삼각형의 정의를 이해합니다. 삼각형이 왜 기본 도형인지 다른 도형과 비교하며 생각해 봅니다.
- 관련 교과 단원 및 내용
- 2-가 '기본적인 평면도형' 단원의 다른 도형과 삼각형의 구분을 이해합니다.
- 7-나 '기본 도형' 단원의 점, 선, 면, 각에 대하여 삼각형과 연결하여 생각해 봅니다.

두 번째 수업 _ 여러 가지 삼각형

삼각형의 종류에 대해 변의 길이에 따른 분류와 내각의 크기에 따른 분류로 자세히 알아봅니다.

- 선수 학습 : 변의 길이, 각의 크기에 대한 이해
- 공부 방법 : 집에 있는 옷걸이나 삼각형 모양의 물건을 관찰하면서 삼각형을 어떻게 구분하는지 판단해 봅니다.
- 관련 교과 단원 및 내용
- −4-가 '각과 여러 가지 삼각형' 단원의 이등변삼각형, 정삼각형, 예 각 · 둔각 · 직각삼각형 등 삼각형의 종류를 익힙니다.
- −7-나, 8-나에 나오는 이등변삼각형과 직각삼각형의 성질을 배우 기 위한 토대를 마련합니다.

세 번째 수업 _ 삼각형의 내각과 외각

삼각형의 내각과 외각의 의미와 내각의 크기의 합, 외각의 크기의 합에 대해 공부합니다.

- 선수 학습 : 각의 의미, 다각형
- 공부 방법 : 삼각형을 색종이에 그리고 오려서 접거나 잘라서 붙이 는 활동을 통해 내각의 크기의 합을 직관적으로 인식하고, 증명 과 정을 통해 논리적으로 그 이유를 학습합니다.
- 관련 교과 단원 및 내용
- −4-가 '각의 크기' 단원에서 삼각형의 내각의 크기와 그 합에 대해 서 익힙니다.
- −7-나 '기본 도형' 단원에서 각과 평행선에 관련된 각의 성질을 익

힙니다.

—7-나 '도형의 측정' 단원에서 다각형의 내각과 외각 중 삼각형의 내각, 외각에 대해서 학습합니다.

네 번째 수업_삼각형을 어떻게 만들까요?

삼각형의 결정조건에 대해서 알아봅니다.

- 선수 학습 : 삼각형의 정의
- 공부 방법 : 여러 가지 길이의 막대를 가지고 삼각형을 직접 만들어 보거나, 종이에 자와 각도기를 가지고 삼각형을 그리면서 삼각형을 하나로 결정하는 방법들을 탐구해 봅니다.
- 관련 교과 단원 및 내용
—7-나 '기본 도형' 단원에서 삼각형의 결정조건에 대해서 배웁니다.

다섯 번째 수업_합동의 의미

도형 사이의 관계에서 가장 기본이 되는 합동의 의미를 이해하고 합동에 관련된 용어들을 익힙니다.

- 선수 학습 : 도형의 모양, 크기의 인식과 구분
- 공부 방법 : 판화, 테셀레이션 등 미술 분야나 디자인 분야에서 사용되는 합동의 예를 찾아보고 기본적인 평면도형들의 합동 관계에 관련하여 대응점, 대응변, 대응각의 개념을 배웁니다.

- 관련 교과 단원 및 내용

−5-가 '공간감각' 단원에서 여러 가지 모양으로 주어진 도형을 덮기와 관련하여 테셀레이션의 개념을 배웁니다.

−5-나 '합동과 대칭' 단원의 합동의 기본 개념을 익히고, 합동인 도형을 식별하는 연습을 합니다.

−7-나 '기본 도형' 단원에서 삼각형의 합동조건을 이해하기 위한 토대를 마련합니다.

−8-나 '도형의 닮음' 단원에서 닮음의 의미를 이해하고 합동과 개념을 연결시킵니다.

여섯 번째 수업_ 삼각형의 합동조건

삼각형의 합동조건에 대해서 알아보고 합동과 관련된 문제를 해결합니다.

- 선수 학습 : 합동의 의미, 삼각형의 결정조건
- 공부 방법 : 유클리드가 주어진 문제 상황을 해결하는 과정에서 사용하는 삼각형의 합동조건을 이해하고 비슷한 문제 상황에 대해 조건을 이용해 봅니다.
- 관련 교과 단원 및 내용

−5-나 '합동과 대칭' 단원에서 조건에 맞는 삼각형 그리기 단원을 익힙니다.

−7-나 '기본 도형' 단원에서 삼각형의 합동조건을 공부합니다.

−고등학교 수리 논술 자료로 탈레스의 합동과 관련된 문제 상황을 생각할 수 있습니다.

일곱 번째 수업 _ 삼각형의 넓이에 대하여

삼각형의 넓이 공식을 사각형의 넓이에서 유도해 봅니다.

* 선수 학습 : 사각형의 넓이
* 공부 방법 : 삼각형과 사각형의 넓이 관계를 익히고 평행선 사이에 있는 삼각형의 넓이 관계를 이용하여 주어진 문제 상황을 해결해 봅니다.
* 관련 교과 단원 및 내용
−5-가 '넓이' 단원에서 삼각형의 넓이에 대해서 익힙니다.
−7-가 '기본 도형' 단원의 평행선의 성질과 삼각형 넓이를 연관시켜 응용 문제를 해결합니다.

여덟 번째 수업 _ 이등변삼각형과 정삼각형

이등변삼각형의 성질을 이해하고 관련된 정리들을 배웁니다. 정삼각형에 대해서도 함께 생각해 봅니다.

* 선수 학습 : 이등변삼각형의 정의, 정삼각형의 정의, 삼각형의 내각, 삼각형의 합동조건

- 공부 방법 : 하늘에 날리는 종이비행기나 가오리연은 그 균형을 맞추기 위해 이등변삼각형의 원리가 들어 있습니다. 유클리드의 친절한 설명과 함께 이등변삼각형의 여러 정리에 대한 증명을 익히고 정삼각형에 대해서 그 특징을 정리합니다.
- 관련 교과 단원 및 내용
- −4−가 '각과 여러 가지 삼각형' 단원에서 이등변삼각형과 정삼각형의 성질에 대해서 익힙니다.
- −8−나 '삼각형의 성질' 단원에서 이등변삼각형의 여러 성질을 정리로 학습하고 그 증명을 합동을 사용하여 이해합니다.

아홉 번째 수업 _ 직각삼각형의 특별함

여러 성질을 갖고 있는 직각삼각형에 대해서 자세히 알아보고 피타고라스의 정리와 직각삼각형의 합동조건에 대해 학습합니다.

- 선수 학습 : 직각삼각형의 정의
- 공부 방법 : 직각삼각형의 내각에 대한 특징을 이해하고 피타고라스, 탈레스, 유클리드의 정리 등의 성질들을 관찰해 봅니다. 직각삼각형만이 갖고 있는 합동조건을 일반적인 삼각형의 합동조건과 연관시켜 이해합니다.
- 관련 교과 단원 및 내용
- −3−가 '각과 평면도형' 단원에서 직각에 대해서 익힙니다.

–4–가 '각과 여러 가지 삼각형'에서 직각삼각형의 정의에 대해서 익힙니다.

–8–나 '삼각형의 성질' 단원에서 이등변삼각형의 성질과 관련하여 직각삼각형을 학습하고 직각삼각형의 합동조건에 대해서 익힙니다.

–9–나 '피타고라스의 정리' 단원에서 피타고라스 정리의 역사적 배경과 응용에 대해서 간단히 생각해 봅니다.

–고등학교 수리 논술 준비에 있어 직각삼각형이란 한 주제에 대한 다양한 정리와 역사적 배경을 익힐 수 있습니다.

열 번째 수업 _ 우리 주변의 삼각형

실생활 속에서 삼각형이 활용되는 예를 살펴보고 이용되는 이유에 대해서 생각해 봅니다.

- 선수 학습 : 삼각형의 정의와 여러 성질들
- 공부 방법 : 삼각형이 사용되는 우리 주변의 물건이나 건물을 관찰하고 왜 이용되는지 튼튼한 구조에 대해서 생각해 봅니다. 나무 막대나 종이를 가지고 삼각형 구조물을 만들어 본다면 더욱 이해가 빠를 것입니다.
- 관련 교과 단원 및 내용
- 초등학생과 중학생들에게는 삼각형을 주변에서 관찰하고 그 특징을 이해하는 데 좋은 예를 제공해 줍니다.

―고등학생들은 삼각형의 구조적 특징을 이용한 건물의 특징을 읽으면서 수학과 과학, 공학을 통합시키는 사고 과정을 익힐 수 있습니다.

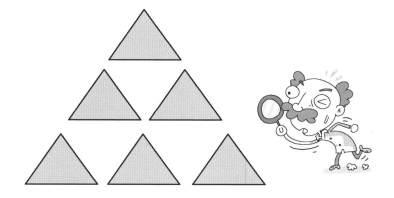

유클리드를 소개합니다

Euclid (B.C. 325? ~ B.C. 265?)

내가 쓴 유명한 책을 소개하겠습니다.

《기하학 원본Elements》이라고도 하고 《원론》이라고도 말합니다.

사람들은 이 책을 '수학자의 성서'라고 부르기도 하지요.

이 책은 우리 그리스 수학자들과 나의 업적,

그리고 나보다 앞선 사람들의 업적을 정리한 후 논리적인 설명을 덧붙인 것입니다.

명확하고 논리적인 방법으로

도형에 관한 체계화된 결과들을 적어 놓은 13권짜리 책으로

무려 2000년 이상 모든 수학 교육에 계속해서 영향을 주었답니다.

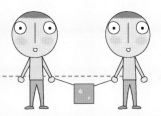

여러분, 나는 유클리드입니다

　내 이름은 유클리드입니다. 처음 들어 본 친구들도 있겠지만 나는 《기하학 원본원론》이란 책을 써서 무척 유명해진 사람입니다. 내가 태어난 시기는 지금으로부터 대략 2300년 전으로 기원전 325년쯤이라고도 하고 365년이라고도 합니다. 너무나 오래되어서 정확한 기록이 남아 있지 않기 때문이죠.

　나는 그리스 사람입니다. 우리 그리스인들은 일찍이 수학과 철학을 발달시킨 지적인 사람들이었습니다. 탈레스라는 위대한 수학자가 나타난 이후 수학은 농사, 건축 등 생활 속에서 단순한 계산만을 하던 수준에서 벗어나 논리적으로 분석하고 연역적으로 증명을 하는 기하학이 본격적으로 등장하기 시작했습니다.

우리 그리스인들은 하나하나 알고 있고 사용되던 도형의 성질들을 그냥 놓아둔 것이 아니라 기본적인 원리로부터 그런 성질들이 어떻게 나타나는지 체계적으로 생각하여 논리적으로 이끌어내는 증명을 사용하였습니다. 그래서 '직각삼각형의 빗변의 길이의 제곱은 다른 변들의 길이의 제곱의 합과 같다'와 같은 피타고라스의 정리가 탄생하게 된 것이지요.

나는 어린 시절을 그리스에서 보내고 어른이 된 후 지중해 연안의 나일강변에 세워진 알렉산드리아시로 이동했습니다. 알렉산드리아시는 이집트의 왕 프톨레마이오스가 통치하고 있던 도시로 그 곳에는 엄청난 박물관 '무제이온'이 있었습니다. '무제이온'은 그리스·로마 신화에 나오는 시, 음악, 학문의 여신인 '뮤즈Muse의 은신처'라는 뜻으로 박물관뿐만 아니라 공동 연구를 위한 대강당, 동·식물원, 해부실, 천체 관측탑, 도서관 등이 있었습니다. 특히 도서관에는 그 당시 50만 권 이상의 과학 전문 서적이 수집되어 있었다고 합니다. 나는 무제이온에서 수학을 가르치면서 책을 쓰고 많은 제자들을 배출해냈습니다.

도형에 대해서 연구하는 기하학이 쉽지 않았을 뿐만 아니라 내가 철저하게 가르치다 보니 많은 사람들이 힘들어 했습니다.

유클리드가 들려주는 삼각형 이야기

나의 제자 중에는 프톨레마이오스 1세도 포함되어 있었는데 왕도 역시 공부하는 것이 싫었는지 쉽게 공부하는 방법을 따로 알려 달라고 요청하더군요. 공부를 하는 데 왕도는 없지요. 그래서 '현세에는 두 가지 종류 즉 평민이 다니는 길과 왕이 다니는 길이 있습니다. 그러나 기하학에는 왕도가 없습니다' 라고 말씀을 드렸답니다.

비슷한 일이 또 있었습니다. 제자 중 유난히 공부에 싫증을 잘 내던 학생이 있었는데 어느 날 짜증을 내며 이런 질문을 하더군요.

"이런 어려운 기하학을 애써 배워서 얻는 것이 뭐가 있나요?"

이 말을 들은 나는 이렇게 말했습니다.

"이 사람에게 동전 세 푼을 주시오. 배우면 무언가 이득이 생겨야 한다고 생각하는 것 같으니……."

수학을 이용하여 생활 속의 문제를 직접 해결하는 경우도 있지만 기하학은 논리적인 생각의 흐름을 배워 사고력을 키우는 것이 목적입니다. 깊은 사고력은 다른 학문을 배우는 데 도움을 주고, 이 세상의 수많은 문제들을 해결하고 더 좋게 고쳐 나가는 데 바르고 정확한 판단을 하게 도와줍니다.

이제 내가 쓴 유명한 책을 소개하겠습니다. 《기하학 원본 Elements》이라고도 하고 《원론》이라고도 말합니다. 사람들은 이 책을 '수학자의 성서'라고도 부르지요. 이 책은 우리 그리스 수학자들과 나의 업적, 그리고 나보다 앞선 사람들의 업적을 정리

유클리드가 들려주는 삼각형 이야기

한 후 논리적인 설명을 덧붙인 것입니다. 명확하고 논리적인 방법으로 도형에 관한 체계화된 결과들을 적어 놓은 13권짜리 책으로 무려 2000년 이상 모든 수학 교육에 계속해서 영향을 주었답니다.

이집트인이나 바빌로니아인들 그리고 중국인들의 기하학 지식은 주로 토지를 측량하거나 건축과 관련된 현실적인 문제를 해결하는 데 사용되었습니다. 이와 달리 그리스 사람들은 노예들이 힘든 일을 대신해 주었기 때문에 현실 문제를 떠나 깊은 생각을 할 수 있는 시간이 있었습니다. 그래서 수학을 계산술 같은 기술과 논증적인 수학인 기하학으로 구별하였습니다.

이런저런 이유로 우리 그리스인들은 고대 이집트인이나 바빌로니아인들과는 달리 수학을 학문으로 정립하였습니다. 내가 쓴 《기하학 원본》은 쉬운 가정에서 출발해 정리들을 이끌어 나가고 이것을 논리적으로 배열합니다. 삼각형의 넓이에 관한 공식조차 실려 있지 않습니다. 우리에게 수학은 즐거운 지적 놀이였기 때문입니다.

그러나 여기서 들려주는 삼각형에 관한 이야기들은 《기하학 원본》과는 다르니 걱정하지 마세요. 나 유클리드도 처음부터 모든 것을 다 이해할 수 있었던 것은 아닙니다. 주변에 있는 도형을 관찰하고 그 성질을 알아내기 위해 여러 가지 삼각형들을 조사해 보았지요. 《기하학 원본》은 삼각형에 관한 많은 성질과 정리들을 직접 경험을 통해 알아낸 사람들과 그것을 연역적으로 증명해낸 사람들의 힘이 합해진 결과입니다.

여기서는 삼각형이 어떤 도형인지 그 기본 요소들을 살펴보고 삼각형의 종류와 특징을 주변의 사물들과 연관시켜 설명할 것입니다. 또한 《기하학 원본》에 나온 삼각형과 관련된 기본적

유클리드가 들려주는 삼각형 이야기

인 정리들과 성질들을 소개하고 그것을 논리적인 방법으로, 문자를 이용해서 설명해내는 과정도 함께 알려 줄 것입니다.

자, 2300년 전에 기하학의 내용을 체계적으로 정리해서 유명해진 나 유클리드의 실력을 믿고 지금부터 삼각형에 대해서 알아보는 즐거운 여행을 함께 떠납시다!

삼각형이 왜
기본 도형일까요?

삼각형은 어떤 도형을 말하는 것일까요?
그리고 왜 삼각형이 기본 도형인지 그 이유를 알아봅시다.

1. 삼각형이 어떤 도형인지 삼각형의 정의에 대해 이해합니다.
2. 삼각형이 왜 기본 도형인지 그 이유에 대해 알아봅니다.

미리 알면 좋아요

1. **도형** 어떤 모형의 위치와 모양, 크기만을 생각할 때 점·선·면·입체 또는 이들 집합으로 이루어진 것을 말합니다.

예를 들어, 우리는 어릴 때부터 자동차 바퀴, 보름달, 공, 병마개 등 동그란 모양의 물체들을 자꾸 관찰하면서 그 공통적인 특징을 알게 됩니다. 이런 경험을 반복하면서 점차 원 모양을 그릴 수 있게 되고 나중에는 한 점으로부터 일정한 거리에 있는 점들의 모임이라는 원의 개념을 알 수 있습니다.

2. **평면** 하나의 직선을 다른 직선으로 나란히 이동시킬 때 평평한 면이 이루어지는 것을 말합니다.

예를 들어, 아침에 일어나서 세수를 할 때 보게 되는 거울은 보통 평면거울이지요. 하지만 자동차에 달려 있는 거울은 오목하거나 볼록하게 되어 있어요. 생활 속에서 사용하는 많은 물건들은 평면으로 다듬어진 경우가 많습니다. 그러나 수학에서 사용되는 평면이란 용어는 정확히 말할 수 없는 개념이랍니다. 그래서 '하나의 직선 위에 없는 3개의 점이 정하는 평면은 하나 존재하고 유일하다'는 식으로 설명을 하게 됩니다.

오늘은 삼각형이 왜 기본 도형이라 불리는지 그 이유에 대해서 알아보겠습니다.

우선 도형이 무엇인지 생각해 볼까요?

유클리드는 자신이 타고 온 자전거를 아이들에게 보여 주었습니다.

이 자전거는 우리가 알고 있는 자전거와 좀 다르게 생겼습니다. 어떤 특징을 갖고 있나요?

"앞바퀴와 뒷바퀴의 크기가 같고 색깔은 노란색이며 모양이 특이해요. 자전거 바퀴는 원 모양으로 검정색이고, 자전거 본체는 세모난 모양을 하고 있네요."

이렇게 우리 주변의 물건들은 빛깔, 모양, 크기, 위치, 무게에 따라 서로 다른 특징을 가지고 있습니다. 이런 여러 특징 중 물체의 위치, 크기, 모양만을 생각할 때 도형이라는 말을 쓰게 됩니다.

유클리드가 들려주는 삼각형 이야기

자전거를 다시 관찰해 봅시다. 여러 특징 중 위치, 크기, 모양만을 생각하면 오른쪽과 같은 도형을 찾을 수 있습니다.

사람들은 자연이나 물체 속에서 여러 가지 모양을 보고 그중 똑같은 특징을 갖는 도형을 떠올려 이름을 붙이기도 하고 기호나 글자로 사용하기도 했습니다.

우리 그리스인들은 멋진 글자를 갖고 있습니다. 이 중에 네 번째 문자를 '델타' 라고 부릅니다.

이 글자는 우리가 잘 알고 있는 삼각형 모양입니다.

그리스 문자 '⊿' 는 영어로 'delta' 라고 읽습니다. 강 아래쪽

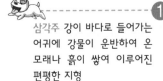

①

에 만들어지는 삼각주[1]도 삼각형을 닮았다 하여

영어로 'delta' 라고 말합니다.

이 사진은 이집트 나일 강
끝부분에 있는 삼각주입니다.

▨ 기 본 도 형 인 삼 각 형

도형의 기본 요소는 점 · 선 · 면입니다. 이 세 가지는 도형을

이루는 재료가 됩니다.

점 : 위치만 있고
크기가 없습니다.

선 : 길이는 있고
폭은 없습니다.

면 : 폭은 있고
부피는 없습니다.

점 한 개로는 다른 도형을 만들지 못합니다. 점이 두 개 있으면 선분이나 직선을 만들 수 있습니다. 그러나 면을 만들지는 못합니다.

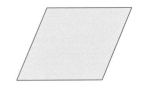

② ------------------
평면도형 평면에 그려진 도형

점이 세 개가 되면 드디어 평면도형[②]인 삼각형을 만들 수 있습니다. 즉 삼각형은 가장 적은 개수의 점으로 만들 수 있는 평면도형입니다. 그래서 삼각형을 기본 도형이라 부릅니다.

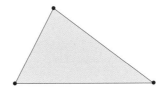

두 개의 직선으로는 면을 만들 수 없지만 세 개가 되면 삼각형을 만들 수 있습니다. 이때도 역시 가장 적은 수의 직선으로 만들 수 있는 평면도형은 삼각형입니다.

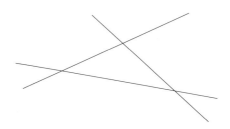

삼각형은 세 변과 세 개의 꼭짓점을 가진 도형으로 면을 갖고 있는 도형 중 점과 선의 수가 가장 적은 평면도형입니다.

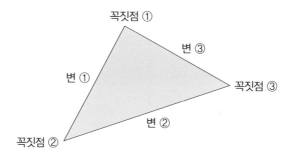

다음의 그림처럼 삼각형의 세 꼭짓점이 A, B, C라면 그 삼각형을 '삼각형 ABC' 라고 부릅니다.

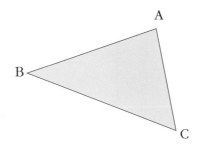

유클리드가 들려주는 삼각형 이야기

▨다른 도형을 이루는 삼각형

유클리드는 칠판에 삼각형을 여러 개 이어 붙이고 있습니다.

삼각형을 여러 개 이어 붙이면 여러 가지 모양을 만들 수 있습니다.

이렇게 삼각형을 두 개 붙이면 사각형이 됩니다. 하나를 더 붙여 보겠습니다.

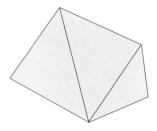

이번에는 오각형이 되었습니다. 이런 방법으로 육각형도 만들 수 있습니다.

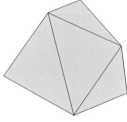

이렇게 계속 삼각형을 덧붙여 나간다면 다른 평면도형들도
계속 만들 수 있습니다.

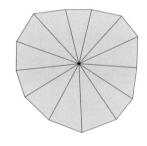

삼각형이 기본 도형이라 불리는 또 다른 이유는 바로 이렇게
다른 도형들을 만들어 낼 수 있기 때문입니다.

유클리드가 들려주는 삼각형 이야기

앞의 사각형, 오각형, 육각형, 칠각형처럼 세 개 이상의 선분
으로 이루어진 평면도형들에 대각선을 그리면 모두 삼각형으로
나눌 수 있습니다.

삼각형을 기본 도형이라고 부르는 두 번째 이유를 확실히 발견했나요? 세 개 이상의 선분으로 이루어진 평면도형들이 모두 삼각형으로 나누어지기 때문에 삼각형을 모든 다각형의 기본 도형이라고 합니다.

삼각형으로 만들 수 없는 평면도형도 있을까요? 네, 물론 있습니다. 우리가 생활 속에서 흔히 볼 수 있는 원은 삼각형으로 나누어지지 않는 대표적인 도형입니다.

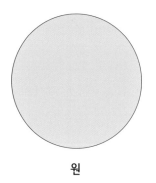

원

다각형

유클리드가 들려주는 삼각형 이야기

이러한 원과 달리 삼각형으로 나누어지는, 세 개 이상의 선분으로 둘러싸인 평면도형을 다각형[3]이라고 합니다.

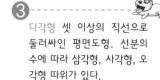
③
다각형 셋 이상의 직선으로 둘러싸인 평면도형. 선분의 수에 따라 삼각형, 사각형, 오각형 따위가 있다.

삼각형은 다각형 중에서 가장 변의 개수가 적은 도형입니다. 기본 도형이라 불리는 삼각형에 관련된 성질은 너무도 많습니다. 이제부터 삼각형에 대해 하나하나 알아보도록 합시다.

❶ 삼각형이란 세 개의 선분으로 둘러싸인 도형을 말합니다.

❷ 삼각형은 세 선분과 세 개의 꼭짓점을 가진 평면도형으로 면을 가지고 있는 도형 중 꼭짓점과 변의 수가 가장 적은 도형입니다.

❸ 세 개 이상의 선분으로 둘러싸인 평면도형을 다각형이라고 합니다. 다각형에는 삼각형, 사각형, 오각형, 육각형, 칠각형 등이 있습니다.

❹ 사각형, 오각형, 육각형 등 모든 다각형은 삼각형으로 나누어지기 때문에 삼각형을 모든 다각형의 기본 도형이라고 합니다.

여러 가지
삼각형

사람들은 삼각형을 여러 가지 모양으로 분류합니다.
그 종류에 대해서 알아봅시다.

두 번째 학습 목표

1. 내각의 크기에 따라 삼각형을 어떻게 구분하는지 알아봅니다.
2. 변의 길이에 따라 삼각형을 어떻게 구분하는지 알아봅니다.

미리 알면 좋아요

1. 각 한 점에서 그은 두 개의 반직선에 의해 이루어지는 도형을 말합니다.

예를 들어, 두 팔을 모았을 때와 활짝 벌렸을 때 양팔 사이의 거리는 완전히 달라집니다. 두 팔이 이루는 각이 다르기 때문이지요. 즉 각이란 도형의 이웃하고 있는 변과 변 사이에 벌어진 정도를 나타낼 때 그 크기를 알려주기 위해 사용되는 단어입니다.

2. 도형의 내부와 외부 닫힌 도형의 안쪽 영역을 도형의 내부, 바깥쪽 영역을 외부라고 합니다.

예를 들어, 원이나 삼각형, 사각형처럼 선이 끊어지지 않고 연결되어 닫힌 도형들은 도형의 안쪽과 바깥쪽을 구분할 수 있습니다. 우리가 집의 안과 밖을 구분하는 것처럼 말이지요. 이때 도형의 안쪽을 내부, 바깥쪽을 외부라고 합니다.

유클리드가 삼각형 두 개를 보여주고 있습니다.

지난 시간에 우리는 기본 도형인 삼각형에 대해 배웠습니다. 삼각형은 선분인 세 변과 점으로 된 세 개의 꼭짓점을 가진 도형으로, 우리에게 매우 친숙한 도형입니다.

다음과 같은 두 개의 삼각형이 있습니다. 여러분들은 이것을 어떻게 구별하고 싶나요? 왼쪽은 납작 삼각형, 오른쪽은 뾰족

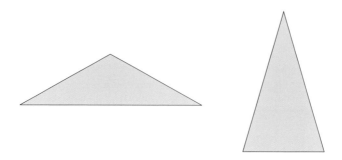

삼각형이라고 부를 수도 있고, 왼쪽은 키 작은 삼각형, 오른쪽
은 키 큰 삼각형이라 부를 수도 있습니다.

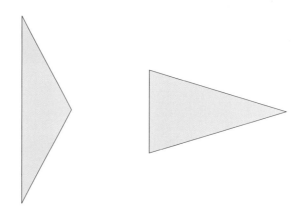

　하지만 이렇게 두 삼각형을 조금만 돌리면 방금 붙인 이름들
이 각각의 삼각형에 어울리지 않게 됩니다. 이번에는 왼쪽 삼각
형이 뾰족한 삼각형, 오른쪽 삼각형이 납작한 삼각형으로 보이
기 때문이죠. 그렇다면 삼각형을 구분하는 좋은 방법이 있을까

유클리드가 들려주는 삼각형 이야기

요? 어떻게 삼각형의 이름을 지으면 좋을까요?

　이름을 짓기에 앞서 삼각형의 구조를 다시 한 번 살펴봅시다. 삼각형은 세 개의 꼭짓점과 세 개의 변으로 이루어진, 닫힌 도형입니다. 그래서 삼각형의 세 변은 안쪽의 영역과 바깥쪽 영역의 경계선이 됩니다. 세 변의 안쪽 영역을 내부, 바깥쪽 영역을 외부라고 얘기합니다. 삼각형의 내부에는 다른 다각형들과 마찬가지로 '각'이라는 부분이 있습니다.

각은 한 점에서 그은 두 개의 반직선 사이에 이루어지는 도형을 말합니다. 이때 다각형에서 두 변으로 이루어지는 내부의 각을 내각이라고 합니다.

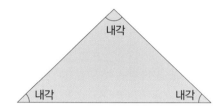

그러면 삼각형의 내각은 모두 몇 개일까요?

"하나, 둘, 셋. 모두 세 개네요."

그렇습니다. 삼각형은 세 개의 내각을 가지고 있습니다.

삼각형의 내각은 마주보고 있는 변의 길이에 따라 달라집니다.

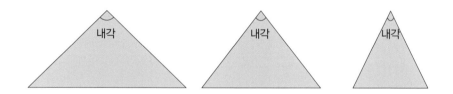

마주보고 있는 변의 길이가 길수록 내각의 크기가 커지고 마주보고 있는 변의 길이가 짧을수록 내각의 크기는 작아집니다.

유클리드가 들려주는 삼각형 이야기

그래서 내각의 크기와 변의 길이는 서로 항상 영향을 줍니다.

▨내각의 크기에 따라 삼각형 구분하기

유클리드와 아이들은 마을을 구경하며 유클리드의 집으로 함께 들어가고 있습니다.

우리가 사는 집은 다양한 모양을 가지고 있습니다. 옆에서 보면 사각형 모양인 것도 있고 아래와 같이 삼각형 모양의 지붕을 가진 집들도 있습니다.

이 집은 지붕의 모양이 정말 독특합니다. 비가 온다면 지붕 위의 빗물이 모두 왼쪽 방향으로 흐르게 됩니다. 오른쪽과 같이 지붕만 잘라서 바닥에 내려놓는다면 바닥면과 $90°$를 이루는 부분이 있습니다. 이렇게 두 변이 90°를 이룰 때 우리는 직각이라고 말합니다.

❹
직각삼각형 한 내각이 직각인 삼각형

둔각삼각형 세 개의 내각 가운데 하나가 둔각인 삼각형

예각삼각형 내각이 모두 예각 인 삼각형

그래서 삼각형을 구분할 때 한 각이 직각인 삼각형을 직각삼각형❹이라고 합니다.

아래의 것은 우리가 집에서 많이 사용하는 옷걸이입니다. 약간씩 모양이 다르기도 하지만 기본 모양은 삼각형이라고 할 수 있습니다. 옷걸이는 옷의 목과 어깨 부분이 구겨지지 않도록 해야 하므로 고리가 있는 쪽의 변들은 그 사이가 많이 벌어지게 됩니다. 이렇게 두 변의 사이가 직각보다 더 크게 벌어지고 평각180° 보다는 작은 각이 될 때 우리는 둔각이라고 말합니다.

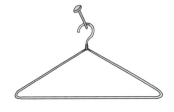

그래서 한 각이 둔각인 삼각형을 둔각삼각형❹이라고 합니다.

유클리드가 들려주는 삼각형 이야기

그렇다면 세 내각 중에 한 내각이 둔각도 아니고 직각도 아닌 삼각형이 있을까요? 당연히 있습니다. 어느 각도 둔각이나 직각이 아니라면 세 내각 모두 그 크기가 90°보다 작게 됩니다.

여기 벽에 걸린 액자가 바로 세 내각의 크기가 모두 90°보다 작은 삼각형 모양입니다. 90°보다 작은 각도 둔각, 직각처럼 그 이름이 있습니다. 바로 예각이라 부릅니다.

그래서 위의 액자 모양처럼 세 내각의 크기가 모두 90°보다 작은 삼각형을 예각삼각형❹이라고 합니다.

지금까지 설명한 직각삼각형, 둔각삼각형, 예각삼각형은 대략 2300년 전에 그리스 수학자들의 연구를 정리하여 내가 직접 쓴《기하학 원본❺》에 들어있는 내용입니다. 이 책은 세계 역사상

❺---------
기하학 원본 기원전 300년 무렵에 유클리드가 편찬한 기하학 책. 그리스 수학의 성과를 집대성하여 체계화한 수학의 고전으로, 평면 기하 6권, 수론數論 4권, 입체 기하 3권으로 되어 있다.

가장 오랫동안 그리고 많이 읽혀진 책들 중 하나랍니다. 사람들은 《기하학 원본》에 들어 있는 내용 중 내가 직접 발견한 내용이 적다고 말하기도 합니다. 그렇지만 나는 《기하학 원본》을 통해 그리스의 논리적이고 추상적인 수학 개념들을 세상에 널리 알렸습니다.

▨변의 길이에 따라 삼각형 구분하기

유클리드와 아이들은 집을 나와 길을 걸어가고 있습니다. 두 아저씨가 무거운 물건의 양쪽 끝을 끈으로 묶어 나르고 있습니다.

지금 지나가는 두 사람이 똑같은 힘을 사용하여 물건을 들고 가고 있을까요?

아닙니다. 지금 두 사람이 쓰는 힘은 다릅니다. 한쪽 끈이 길기 때문이지요.

물건과 두 사람의 손을 각각 세 꼭짓점으로 하는 삼각형을 만들어 봅시다. 이 삼각형은 변의 길이가 다르지요? 그렇기 때문에 힘이 골고루 나누어지지 않습니다. 그러면 어떻게 해야 두 사람이 같은 힘으로 물건을 들 수 있을까요?

끈의 길이를 같게 하면 두 사람이 같은 힘을 쓰면서 물건을 들게 됩니다. 이와 같은 원리는 무거운 통나무를 여러 사람이 합심해서 들 때에도 활용할 수 있습니다.

이렇게 끈의 길이가 같을 때 물건과 두 사람의 손이 이루는

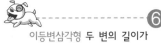
6 삼각형을 우리는 이등변삼각형®이라고 합니다.

여기 우체통을 관찰해 봅시다.

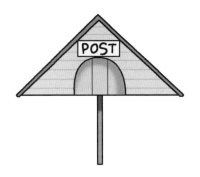

직육면체 모양의 큰 우체통이 대부분이지만 집에서 각자 이용하는 간이 우체통은 이렇게 귀엽게 만들기도 합니다. 이 우체통을 앞에서 보면 삼각형 모양을 하고 있습니다. 언뜻 보기에 예각삼각형인듯 하고 좌우 대칭을 이루며, 마주보는 지붕 옆선의 길이가 같아 보이네요.

그럼 지붕 옆선의 길이를 재어 확인해 봅시다.

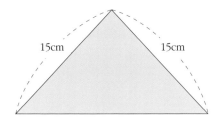

옆선의 길이가 15cm로 같은 길이를 가지고 있네요. 즉 두 변

의 길이가 같은 이등변 삼각형입니다.

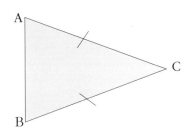

삼각형 ABC에서 변 AC와 변 BC의 길이가 같으므로 삼각형 ABC는 이등변삼각형이다.

이등변삼각형이 아닌 삼각형들 즉 세 변의 길이가 모두 다른 삼각형은 부등변삼각형이라고 합니다.

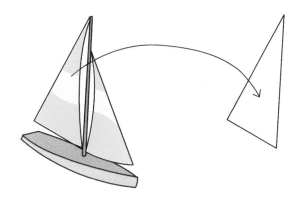

이등변삼각형 중에는 좀 더 특별한 경우도 있습니다.

마침 교통 표지판이 보이는군요. 교통 표지판은 원, 오각형, 사각형 모양도 있지만 이렇게 삼각형 모양인 것도 있습니다.

이 삼각형은 세 변의 길이가 모두 같은 삼각형입니다. 우리는 이런 삼각형을 정삼각형이라고 부릅니다. 변의 길이가 같기 때문에 세 내각의 크기도 모두 같습니다.

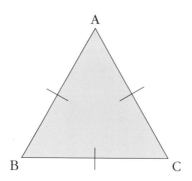

세 변의 길이가 모두 같고 세 내각의 크기도 모두 같은 정삼

유클리드가 들려주는 삼각형 이야기

각형 모양의 구조는 튼튼하고 안정감 있게 보입니다.

중요 포인트

삼각형 ABC에서 변 AB, 변 BC, 변 CA의 길이가 모두 같으므로 삼각형 ABC는 정삼각형이다.

삼각형을 변의 길이에 따라 구분하면 이등변삼각형, 부등변삼각형, 정삼각형으로 나누어집니다. 그러나 어떤 삼각형이 정삼각형이면 그것은 이미 이등변삼각형이므로 변의 길이에 따라서 삼각형을 구분할 때 이등변삼각형과 부등변삼각형 두 종류로 구분할 수 있습니다.

두번째
수업 정리

❶ 삼각형에서 내각의 크기가 커지면 대변마주보는 변의 길이가 길어지고 내각의 크기가 작아지면 대변의 길이가 짧아집니다.

❷ 삼각형은 내각의 크기에 따라 직각삼각형, 둔각삼각형, 예각삼각형으로 구분합니다.

❸ 삼각형은 변의 길이에 따라 이등변삼각형, 부등변삼각형, 정삼각형으로 구분하는데 정삼각형은 세 변의 길이가 모두 같기 때문에 이등변삼각형의 한 종류로 보기도 합니다.

숨어 있는 삼각형을 찾아라!

여러분들은 착시 현상이 무엇인지 아나요? 우리의 눈은 사물을 볼 때 그 사물의 원래 크기, 형태, 빛깔 등을 그대로 받아들이지 않고 다른 모습으로 받아들일 때가 있습니다. 이런 것을 착시 현상이라고 하지요.

유클리드는 몇 가지 그림을 보여 주고 있습니다.

지금 왼쪽 선분의 길이가 오른쪽 선분의 길이보다 짧아 보이나요, 길어 보이나요? 자로 재어 보면 분명 그 길이가 같은 것을 알 수 있습니다. 하지만 그냥 눈으로 보면 순간적으로 어느 한쪽이 길어 보일 것입니다.

이런 현상은 사람의 마음 상태를 읽어 내는 심리검사나 정신과 치료에 사용되기도 합니다. 인터넷이나 책에 가장 많이 나오는 착시 현상의 대표적인 그림을 하나 보여 줄 테니 어떻게 보이는지 말해 보세요.

　어때요? 고개 돌린 젊은 여자 얼굴이 보이나요, 아니면 머리에 스카프를 두른 할머니 얼굴이 보이나요? 잘 보면 젊은 여자의 턱이 할머니의 코로 보이기도 하고, 할머니의 코가 젊은 여자의 턱으로 보이기도 합니다. 너무나 유명한 이 그림은 1915년 시사만화가 힐W.E. Hill이 그렸다고 합니다.

　삼각형을 그리지 않고 이러한 착시 현상을 이용해서 삼각형처럼 보이게 할 수 있을까요? 이탈리아의 심리학자 카니즈사 Gaetano Kanizsa는 삼각형이 아닌 다른 도형을 그려 시각적으로 삼각형처럼 인식하도록 하는 그림을 만들었습니다.

분명히 카니즈사는 선분과 부채꼴만을 이용하여 그림을 그렸지만 우리는 정삼각형을 보고 있는 듯합니다. 사실 삼각형의 개수를 세라고 하면 0개라고 해야 맞지만 투명한 선분을 가진 삼각형 하나와 중간에 선분이 끊어진 삼각형 하나를 세어 2개라고 말하고 싶어집니다.

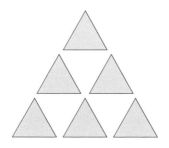

　위의 그림 안에 있는 삼각형의 개수를 세어 보세요. 실제로 그림에 사용된 삼각형은 6개이지만 숨어 있는 삼각형들이 있습니다. 모두 몇 개의 삼각형이 보이나요?

삼각형의
내각과 외각

삼각형의 내각의 크기의 합은, 외각의 크기의 합은?
삼각형의 내각과 외각의 관계를 함께 알아봅시다.

세 번째 학습 목표

1. 삼각형의 내각의 크기의 합과 다각형의 내각의 크기의 합에 대해서 알아 봅니다.
2. 삼각형의 외각과 내각의 크기의 관계에 대해서 생각해 봅니다.
3. 삼각형 외각의 크기의 합을 이해합니다.

미리 알면 좋아요

1. 평각 한 점에서 나간 두 반직선이 일직선을 이룰 때 그 두 반직선이 이루는 각을 말합니다.
예를 들어, 집을 짓거나 물건을 쌓을 때 바닥을 평평하게 만드는 작업을 하는데 이때 바닥이 이루는 각은 두 개의 직각 곧 $180°$가 됩니다.

2. 평행선 하나의 평면 위에서 두 직선이 서로 만나지 않을 때 두 직선은 서로 나란하다고 하며 평행선이라고 합니다.
예를 들어, 기차가 지나가는 철로나 도로에 그려진 차선처럼 한 평면 위에 있는 두 직선이 서로 한 점에서 만나거나 일치하지 않고 나란히 갈 때 두 직선을 평행선이라고 합니다.

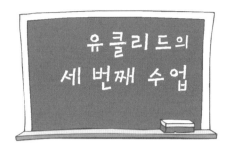

유클리드의
세 번째 수업

아이들은 색종이로 만든 삼각형을 접어 보고 잘라서 맞추기도 하며 삼각형을 관찰하고 있습니다.

우리는 삼각형이 점과 선분으로 이루어진 도형이라는 것을 알고 있습니다. 또한 삼각형은 그 이름에서 알 수 있듯이 세 개의 각을 가진 도형입니다.

삼각형은 내부에 세 개의 각을 갖고 있는데 이런 각을 내각이라고 부릅니다. 삼각형의 내각은 삼각형의 모양이 달라질 때마다 그 크기가 달라지기 때문에 하나하나에 대한 특징을 말할 수는 없습니다. 하지만 세 내각을 합친 크기를 살펴보면 놀라운 특징을 발견할 수 있습니다.

각자 만든 삼각형을 아래의 그림처럼 접어 봅시다. 어떤 특징이 발견되나요?

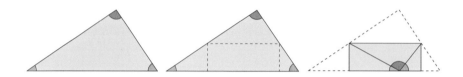

종이를 접어 내각을 모아 보면 **평각이** 만들어진다는 것을 알 수 있습니다.

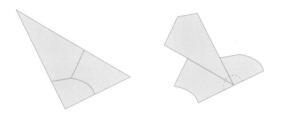

이렇게 삼각형을 나눈 후 다시 세 꼭짓점을 중심으로 모아 이어 붙여도 역시 $180°$가 된다는 것을 확인할 수 있습니다.

지금까지 우리가 확인한 삼각형들은 내각 크기의 합이 180°입니다. 그러나 모든 삼각형의 내각 크기의 합이 180°라고 할 수 있을까요?

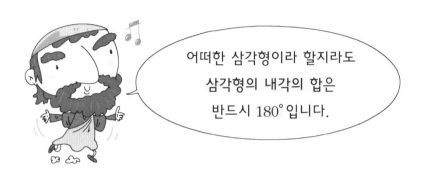

어떠한 삼각형이라 할지라도 삼각형의 내각의 합은 반드시 180°입니다.

▨ 탈레스의 증명

탈레스,
B.C.624?~B.C.546?

지금까지 삼각형 내각의 합이 180°라는 것을 각도를 재거나 종이접기를 통해 어느 정도 알 수 있었습니다. 하지만 모든 삼각형이 이러한 성질을 가진다고 말할 수는 없습니다. 그래서 수학자들은 증명[7]을 통해 '삼

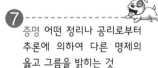

❼ 증명 어떤 정리나 공리로부터 추론에 의하여 다른 명제의 옳고 그름을 밝히는 것

각형 내각의 크기의 합은 180°이다' 같은 명제들을 논리적으로 설명합니다.

　고대 그리스의 수학자 탈레스는 이런 증명을 시작한 사람 중 한 분입니다. 내가 태어나기 거의 300년 전에 살았다고 하니 거의 기원전 7~6세기 분입니다.

　무역 상인이었던 탈레스는 이집트에서 승려에게 기하학과 천문학을 배웠고, 이집트에 있는 피라미드의 그림자를 보고 닮음의 원리를 이용해 그 높이를 알아내어 당시 이집트 왕을 놀라게 했다고 합니다. 탈레스는 도형에 대한 몇 가지 정리를 발견했는데 그중 하나를 소개하겠습니다.

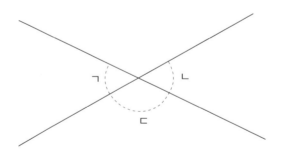

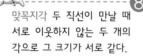

맞꼭지각 두 직선이 만날 때 서로 이웃하지 않는 두 개의 각으로 그 크기가 서로 같다.

　탈레스는 위의 그림처럼 두 직선이 교차할 때 맞꼭지각[8]의 크기가 서로 같다는 것을 직관이나

유클리드가 들려주는 삼각형 이야기

경험이 아닌 논리적인 방법을 통해 증명했습니다.

$$\angle ㄱ + \angle ㄷ = 180°$$

또 $\angle ㄴ + \angle ㄷ = 180°$ 이므로

따라서 $\angle ㄱ = \angle ㄴ$

탈레스는 각각의 직선이 이루는 평각에서 공통인 $\angle ㄷ$을 빼내면 맞꼭지각인 $\angle ㄱ$과 $\angle ㄴ$이 서로 같다는 간결하고 논리적인 설명을 통해 맞꼭지각의 크기가 같다는 것을 증명했습니다.

탈레스는 맞꼭지각의 특징 외에도 여러 개의 직선이 서로 만나 이루어지는 동위각과 엇각에 대한 특징들도 증명했습니다.

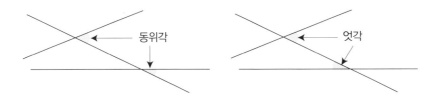

특히 평행한 두 개의 직선이 다른 직선과 만날 때 생기는 동위각과 엇각의 크기는 중요한 성질을 갖고 있습니다.

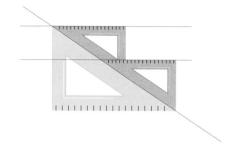

옛날부터 사람들은 그림처럼 고정된 자에 다른 자를 대고 위 아래로 움직이며 평행선을 그렸습니다. 이 방법은 평행선과 다른 한 직선이 만나 이루어지는 동위각의 크기가 같다는 성질을 이용한 것입니다.

앞의 그림처럼 평행선과 다른 한 직선이 만날 때, 동위각인 ∠a와 ∠b의 크기가 같고, 맞꼭지각인 ∠b와 ∠c의 크기가 같기 때문에 서로 엇각인 ∠a와 ∠c의 크기 또한 같습니다.

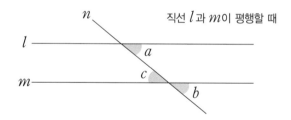

직선 l과 m이 평행할 때

이처럼 서로 평행한 두 직선이 다른 한 직선과 만날 때 동위각의 크기가 같고, 엇각의 크기 역시 같습니다. 이것을 반대로

유클리드가 들려주는 삼각형 이야기

생각하면 동위각의 크기나 엇각의 크기가 같다면 두 직선이 평
행하다는 것을 알 수 있습니다.

▨ 삼각형의 세 내각의 합

이제부터 삼각형의 세 내각의 합이 $180°$ 라는 것을 증명하겠
습니다. 이 증명에는 동위각, 엇각, 평행선에 대해 방금 배운 성
질이 이용됩니다.

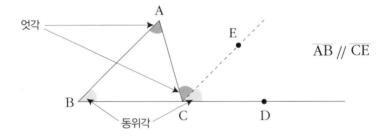

삼각형 ABC에서 변 BC의 연장선에 한 점 D를 정합니다. 점
C를 지나면서 변 AB에 평행한 보조선을 그리고 그 위에 한 점
E를 정합니다.

그러면 두 평행선 $\overline{AB}$, $\overline{CE}$와 한 직선이 만나서 이루는 한
쌍의 동위각과 한 쌍의 엇각의 크기가 각각 서로 같으므로,

∠BAC=∠ACE, ∠ABC=∠ECD입니다.

또 직선 BD는 변 BC를 연장한 것으로 ∠BCD=180°이므로 다음을 알 수 있습니다.

∠BAC+∠ABC+∠BCA=∠ACE+∠ECD+∠BCA=∠BCD=180°

즉 세 내각의 크기의 합은 180°입니다.

▨ 다각형의 내각의 크기의 합

삼각형은 다각형 중 기본 도형이므로 삼각형의 내각의 크기의 합을 이용하여 다른 다각형의 내각의 크기의 합을 구할 수 있습니다.

사각형은 삼각형 두 개로 나눌 수 있습니다. 그래서 사각형의 내각의 크기의 합은 삼각형 두 개의 내각의 크기의 합과 같습니다.

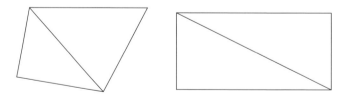

(사각형의 내각의 크기의 합) = 2×(삼각형의 내각의 크기의 합) = 2×180° = 360°

유클리드가 들려주는 삼각형 이야기

오각형은 삼각형 세 개로 나눌 수 있습니다. 그래서 오각형의 내각의 크기의 합은 삼각형 세 개의 내각의 크기의 합과 같습니다.

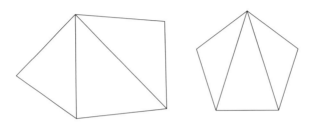

(오각형의 내각의 크기의 합) = 3×(삼각형의 내각의 크기의 합) = 3×180° = 540°

팔각형은 삼각형 여섯 개로 나눌 수 있습니다. 그래서 팔각형의 내각의 크기의 합은 삼각형 여섯 개의 내각의 크기의 합과 같습니다.

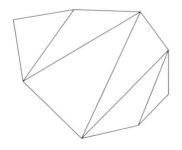

(팔각형의 내각의 크기의 합) = 6×(삼각형의 내각의 크기의 합) = 6×180° = 1080°

이런 방법으로 계속 생각해 보면 n각형은 삼각형 $(n-2)$개로 나눌 수 있습니다. 따라서 n각형의 내각의 크기의 합을 구해 보면 삼각형 $(n-2)$개의 내각의 크기의 합과 같습니다.

$$(n\text{각형의 내각의 크기의 합})$$
$$=(n-2)\times(\text{삼각형의 내각의 크기의 합})=(n-2)\times180°$$

▨삼각형의 외각과 내각

삼각형, 사각형, 오각형 같은 다각형의 내부에 있는 각을 내각이라고 하며 외부에 있는 각을 외각이라고 합니다.

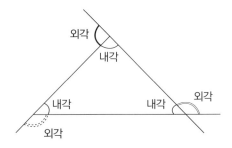

외각의 크기는 180°에서 내각의 크기를 뺀 것과 같습니다. 그래서 내각의 크기가 커지면 외각의 크기가 작아지고 내각의 크기가 작아지면 외각의 크기가 커집니다.

외각과 내각에 또 다른 관계가 있을까요?

우리가 알고 있는 간단한 성질을 이용하면 외각과 내각의 관계에 대해 더 자세히 알 수 있습니다.

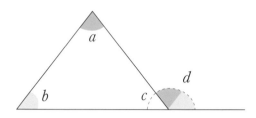

일반적인 한 삼각형에서 세 내각의 크기의 합은 $180°$ 이므로 $\angle a + \angle b + \angle c = 180°$ 입니다. 또한 삼각형의 한 외각의 크기와 그것에 이웃하는 내각의 크기의 합이 $180°$ 이므로 $\angle c + \angle d = 180°$ 입니다. 따라서 $\angle a + \angle b = \angle d$ 입니다.

즉 삼각형의 한 외각의 크기와 그것과 이웃하지 않는 두 내각의 크기의 합이 같다는 것을 알 수 있습니다.

▨삼각형의 외각의 합

외각은 내각의 크기에 따라 크기가 정해지기 때문에 하나하나 특별한 성질을 갖고 있지는 않습니다. 그래서 외각은 그 크기를 모두 합칠 때만 특별한 성질을 보여 줍니다.

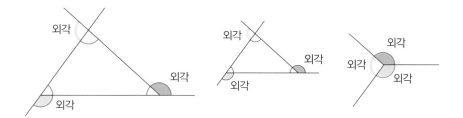

이렇게 삼각형의 세 선분을 점차 안쪽으로 좁혀 가면 결국 세 개의 외각의 크기가 합쳐져 $360°$가 되는 것을 알 수 있습니다.

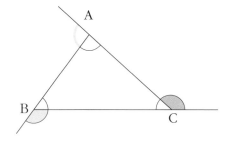

일반적인 삼각형 ABC에서 논리적으로 생각해 보아도 마찬가지 결과가 나타납니다. 삼각형의 각 꼭짓점을 공유하는 한 내각과 외각의 크기의 합은 $180°$이므로 세 꼭짓점의 내각과 외각을 모두 합치면 $180°+180°+180°=540°$가 됩니다. 그런데 삼각형의 세 내각의 크기의 합은 $180°$이므로 세 외각의 크기의 합은 $540°-180°$ 즉 $360°$가 되는 것을 알 수 있습니다.

이런 성질은 다른 다각형에서도 나타납니다.

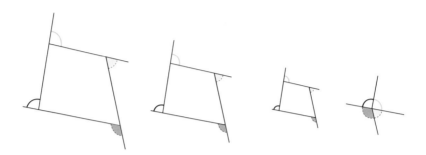

사각형도 그 외각의 크기를 합친다고 생각하면서 카메라 조리개처럼 도형을 좁혀 나가면 결국 외각의 크기의 합이 360˚가 되는 것을 볼 수 있습니다.

다각형의 변의 개수가 늘어남에 따라 내각의 크기의 합이 커지는 것과는 달리 다각형의 외각의 크기의 합은 언제나 360˚입니다.

❶ 삼각형의 내각의 크기의 합은 $180°$ 입니다.

❷ 두 직선이 교차할 때 맞꼭지각의 크기는 서로 같습니다.

❸ 두 평행선과 한 직선이 만날 때 이루어지는 동위각과 엇각의 크기는 각각 같고, 동위각과 엇각의 크기가 각각 같으면 두 직선은 평행합니다.

❹ n각형의 내각의 크기의 합은 $(n-2) \times 180°$ 입니다.

❺ 삼각형의 한 외각의 크기는 그것과 이웃하지 않는 두 내각의 크기의 합과 같습니다.

❻ 삼각형을 포함한 모든 다각형의 외각의 크기의 합은 $360°$ 입니다.

삼각형을 어떻게
만들까요?

삼각형을 하나로 결정하는 조건들에 대해서 알아봅시다.

네 번째 학습 목표

1. 세 변이 주어질 때 삼각형을 어떻게 만들 수 있는지 알아봅니다.
2. 삼각형의 세 가지 결정조건에 대해 알아봅니다.

미리 알면 좋아요

1. 삼각형의 구성 요소 삼각형을 이루고 있는 점, 선, 각 등을 의미합니다.
예를 들어, 사람의 몸은 머리, 팔, 다리, 몸통, 가슴, 배 등으로 이루어져 있습니다. 또한 사람의 몸은 단백질, 지방, 물 등으로 이루어져 있다고 설명할 수도 있습니다. 삼각형도 그 구성 요소를 세 개의 점, 세 개의 선분, 세 개의 내각 등으로 말할 수 있습니다.

2. 조건 일반적으로 어떤 일이 성립되는 데 필요한 사항을 말합니다.
예를 들어, '그 동아리에 들어가려면 어떤 조건이 필요한데?'처럼 어떤 일이나 상황을 이루어 나갈 때 필요한 것들이 있습니다. 삼각형도 원하는 모양으로 만들려면 특정한 사항들이 필요한데 이런 것들을 삼각형의 결정조건이라고 합니다.

유클리드와 아이들은 목공실에서 액자틀을 만들고 있습니다.

　오늘 이 시간에는 삼각형이 어떻게 만들어지는지 생각해 보고 삼각형을 만드는 데 필요한 조건이 무엇인지 알아보겠습니다. 삼각형을 만드는 방법은 너무나 많습니다. 하지만 내가 원하는 삼각형을 만들고자 할 때는 변이나 각에 대해 적절한 조건을 갖추어야 합니다.

여기 길이가 각각 30cm, 10cm, 5cm인 세 개의 막대가 있습니다. 이것으로 삼각형 모양의 액자틀을 만들 수 있을까요?

만들 수 없습니다. 10cm막대와 5cm막대를 합쳐도 그 길이가 30cm막대보다 짧기 때문에 두 막대가 서로 닿지 않기 때문입니다.

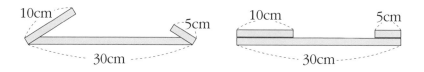

삼각형은 세 변으로 둘러싸인 도형이지만, 이렇게 세 변이 주어져도 삼각형을 만들지 못 할 수도 있습니다.

이번에는 30cm, 10cm, 20cm짜리 막대로 삼각형 모양의 액자틀을 만들려고 합니다. 만들 수 있을까요?

유클리드가 들려주는 삼각형 이야기

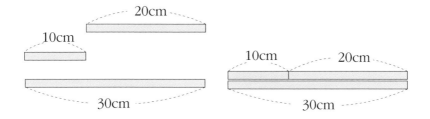

10cm+20cm=30cm이므로 두변의 길이의 합이 다른 한 변의 길이와 같아 긴 변 위에 다른 두 변이 포개져 삼각형을 만들 수 없습니다.

그렇다면 삼각형을 만들려면 변의 길이가 어떻게 주어져야 할까요?

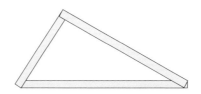

이것은 내가 미리 만든 액자틀입니다. 그 길이를 재어 보면 제일 긴 변의 길이가 30cm, 나머지 두 변은 10cm, 25cm 입니다. 이 두 변의 합은 10cm+25cm=35cm이므로 가장 긴 변인 30cm보다 큰 수가 나옵니다.

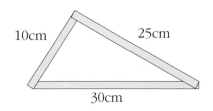

$$10+25 > 30$$
$$10+30 > 25$$
$$25+30 > 10$$

즉 세 변이 주어질 때 삼각형을 이루려면 두 변의 길이의 합
이 나머지 변의 길이보다 커야만 합니다.

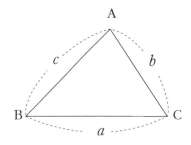

$$a+b > c$$
$$b+c > a$$
$$a+c > b$$

선생님! 선생님 말씀대로 막대 세 개를 가져왔는데

...

액자를 만들 수가 없어요.

왜 그럴까?

삼각형이 되려면 두 변의 길이의 합이 최소 다른 한 변의 길이보다는 커야 해요.

아~! 그렇군요.

유클리드가 들려주는 삼각형 이야기

▨ 두 변과 그 끼인각이 주어질 때

유클리드는 나무 막대 두 개를 들고 설명하고 있습니다.

두 개의 나무 막대를 이용하여 삼각형 모양을 만들려고 합니다.
세 개의 막대가 주어질 때는 막대의 길이에 따라 삼각형을 만
들지 못 하는 경우도 있었는데 두 개의 막대만 주어질 때는 두
막대 사이를 벌리고 줄일 때마다 서로 다른 삼각형 모양이 끊임
없이 만들어집니다.

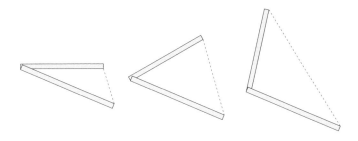

두 변만이 주어지면 무수히 많은 삼각형이 만들어지기 때문
에 하나의 삼각형을 결정지을 수 없습니다. 그래서 원하는 삼각
형 하나를 정확히 만들려면 다른 조건이 필요합니다. 나머지 변
의 길이가 주어지지 않는다면 삼각형의 또 다른 구성 요소인 각

의 크기가 필요합니다. 한 내각의 크기는 마주보는 변의 길이에 따라 커지고 작아지기 때문에 변의 길이 대신 각의 크기로 삼각형을 결정지을 수 있습니다.

　두 변의 길이가 각각 3, 4이고 한 내각의 크기가 $60°$인 삼각형을 그려봅시다. 이번에는 삼각형을 하나로 결정지을 수 있을까요?

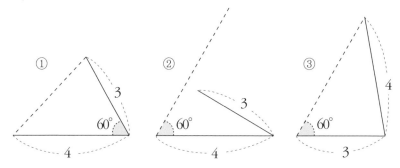

　$60°$가 어느 변에 붙어있느냐에 따라 삼각형의 모양이 달라지거나 아예 만들어지지 않기도 합니다. 한 변에만 $60°$가 이웃하는 경우 삼각형이 만들어지지 않거나② 다른 모양이 나옵니다.③ 그러나 두 변 사이에 $60°$가 끼어 있는 경우 그 모양은 항상 한 가지로 나타납니다.①

유클리드가 들려주는 삼각형 이야기

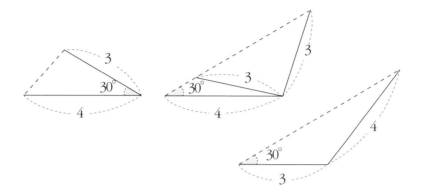

　이렇게 두 변의 길이가 각각 3, 4이고 한 내각의 크기가 30°
인 삼각형을 그릴 때도 역시 30°가 어느 변에 붙어있느냐에 따
라 삼각형 모양이 여러 가지로 나오거나 때로는 만들어지지 않
기도 합니다.

　삼각형에서 두 변과 한 각이 주어질 때 한쪽 변에만 각이 붙
어 있으면 위에서 보여주는 것처럼 삼각형 모양이 두 개 이상
나오거나 만들어지지 않는 현상이 나타납니다.

　그래서 두 변과 한 내각이 주어지는 경우 주어진 내각을 두
변 사이의 끼인각으로 놓아야 원하는 모양의 삼각형을 만들 수
있습니다.

▨한 변의 길이와 그 양 끝각이 주어질 때

유클리드는 칠판에 한 변과 두 개의 각을 그리고 계속해서 설명하고 있습니다.

지금까지 세 변이 주어질 때, 두 변과 그 끼인각이 주어질 때의 삼각형을 만들어 보았습니다. 마지막으로 한 변이 주어질 때 삼각형을 어떻게 만들까 생각해 봅시다.

한 변만 주어진다면 우리는 삼각형을 만들기 위해 다른 조건들을 더 생각할 수밖에 없습니다. 만약 한 변과 각 하나만을 이용하여 삼각형을 만들고자 한다면 두 변만으로 삼각형을 만들고자 했을 때처럼 무수히 많은 삼각형이 만들어집니다.

 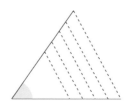

한 변과 한 내각으로는 삼각형을 하나의 모습으로 결정짓기가 어렵습니다. 그렇다면 한 변과 두 개의 각이 주어진다면 삼각형 모양을 하나로 결정할 수 있을까요?

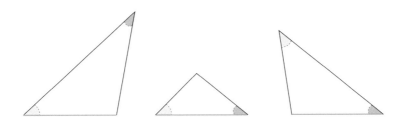

다양한 삼각형 모양이 만들어지지요? 주어진 한 변에 대해 각이 어떻게 위치하느냐에 따라 세 가지 모양의 삼각형이 만들어지기 때문에 역시 삼각형을 하나로 결정할 수 없습니다.

한 변에 주어진 두 각 중 한 각만을 끝각으로 하는 경우 다음의 그림처럼 두 가지 모양이 나타납니다.

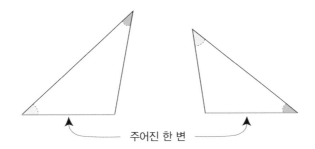

주어진 한 변

따라서 이중 한 모양만을 선택하려면 삼각형을 그릴 때마다 주어진 변에 어떤 각을 끝각으로 했는지 설명을 해야 합니다.

주어진 변에 어느 각을 끝각으로 할 것인가 매번 알려줄 수 없기 때문에 삼각형을 하나의 모양으로 결정하고자 한다면 주어진 한 변에 두 개의 각을 양 끝각으로 하면 됩니다.

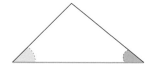

한 변과 양 끝각으로 삼각형을 만들게 되면 항상 한가지 모양의 삼각형을 결정할 수 있습니다.

지금까지 변이나 각을 이용하여 삼각형을 만드는 것에 대해 이야기했습니다. 삼각형 모양을 만들 때 변이나 각이 적절히 주어지면 우리는 한 가지 모양의 삼각형을 결정할 수 있습니다.

세 변이 주어질 때 다른 두 변의 합이 나머지 한 변의 길이보다 크면 삼각형을 만들 수 있고, 두 변이 주어질 때는 각이 그

유클리드가 들려주는 삼각형 이야기

두 변의 끼인각이 될 때 삼각형 모양을 결정할 수 있습니다. 한 변이 주어질 때는 두 개의 각을 변의 양 끝각으로 삼으면 삼각형 모양을 하나로 결정할 수 있습니다.

네번째
수업 정리

❶ 삼각형은 세 변의 길이가 주어질 때 하나로 결정됩니다. 그러나 세 변이 주어질 때 다른 두 변의 길이의 합이 나머지 한 변의 길이보다 클 경우에만 삼각형이 만들어집니다.

❷ 두 변과 그 두 변의 끼인각이 주어질 때 삼각형을 하나로 결정할 수 있습니다.

❸ 한 변의 길이와 그 양 끝각이 주어질 때 삼각형을 하나로 결정할 수 있습니다.

합동의 의미

모양과 크기가 똑같은 도형들을 뭐라고 부를까요?
도형의 합동에 대해서 알아봅시다

다섯 번째 학습 목표

1. 도형의 합동과 그 용어에 대해서 알아봅니다.
2. 도형의 닮음과 합동을 비교해서 이해합니다.

미리 알면 좋아요

1. 회전 도형이 각 점의 위치를 서로 바꾸지 않고 한 점이나 고정된 축을 중심으로 일정한 거리나 각도를 이동하는 것을 말합니다.
예를 들어, 지구본을 본 적이 있나요? 지구본은 고정된 축을 중심으로 회전할 수 있게 만들어져 있습니다. 그리고 우리가 좋아하는 놀이 기구 중에는 사람이 타는 부분을 중심으로 돌아가게 만든 것들이 많이 있습니다.

2. 대응 두 집합에서 어떤 집합의 한 원소에 다른 집합의 한 원소가 정해지는 것을 말합니다.
예를 들어, 두 개의 사각형을 비교할 때 한 사각형의 점, 변, 각 등은 한 집합의 원소로 생각할 수 있습니다. 두 사각형의 점, 변, 각들이 각각 짝을 이루게 되면 대응이라고 말할 수 있습니다.

유클리드의
다섯 번째 수업

　　유클리드는 미술관으로 아이들을 데리고 갔습니다. 아이들은
여러 그림들을 즐겁게 구경하며 미술과 수학이 얼마나 연관되
는지 유클리드의 설명의 듣고 있습니다. 전시된 작품 중 똑같은
물고기 그림이 여러 개 있어 아이들이 궁금해 하자 유클리드가
친절히 그림에 대해 알려 주고 있습니다.

아래의 그림은 판화입니다. 판화는 나무, 금속, 돌 같은 재료의 면에 그림을 그려 판을 만든 다음 잉크나 물감 등을 칠하여 종이나 천에 찍어내는 회화의 한 종류입니다. 판화는 다른 그림들과 달리 여러 개의 똑같은 작품을 만들어 낼 수 있습니다.

붓으로 그린 그림들은 화가가 실제로 그린 그림 하나만 의미가 있지만 판화는 작품을 여러 개로 복제할 수 있기 때문에 좋은 작품을 여러 사람이 나누어 가질 수 있는 장점이 있습니다. 이런 방법은 팔만대장경처럼 나무나 금속으로 글자를 만들어 그 판을 여러 번 찍어 책을 만드는 인쇄와도 관련이 있습니다.

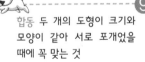

합동 두 개의 도형이 크기와 모양이 같아 서로 포개었을 때에 꼭 맞는 것

수학에서도 판화처럼 똑같은 모양과 크기를 갖는 도형을 만드는 방법이 있습니다. 바로 도형의 합동[9]입니다. 판화의 그림처럼 모양과 크기가 같아서 완전히 포개어지는 도형들을 서로 합동이라고 합니다.

유클리드가 들려주는 삼각형 이야기

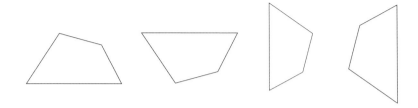

이렇게 모양을 뒤집거나 회전을 하더라도 한 도형을 다른 도형에 완전히 포갤 수 있으면 그 두 도형은 서로 합동입니다.

전시된 미술품을 구경하던 아이들은 독특한 그림 앞에 멈추었습니다. 아이들은 작품을 누가 만들었는지 유클리드에게 질문했습니다.

이것은 네덜란드 출신의 '모리츠 코르넬리스 에셔' 라는 판화가의 작품입니다.

수학적인 개념을 가지고 판화를 제작하기로 유명한 사람이죠. 그의 작품에는 다양한 도형들과 수학 개념들이 등장하고 우리가 방금 배웠던 합동을 이용한 작품들도 있답니다. 그가 만들

어 낸 많은 작품들은 테셀레이션[10]이라고 하는데요. 테셀레이션
은 똑같은 모양의 도형을 이용해 어떠한 빈틈이나 겹침 없이 평
면이나 공간을 덮는 것을 말합니다.

어떤 삼각형 하나를 이용하여 테셀레이션을 만
들어 봅시다.

다음과 같이 합동인 삼각형을 거꾸로 붙입니다. 그러면 평행
사변형 모양이 나옵니다.

계속해서 같은 방법으로 합동인 삼각형을 붙여나가면 빈틈이
나 겹침 없이 평면을 채울 수 있습니다.

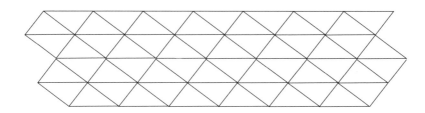

유클리드가 들려주는 삼각형 이야기

에셔는 여러 나라를 여행했고 1930년대에 아라베스크 양식의 모자이크에 심취하면서 자신만의 작품 세계를 갖게 되었다고 합니다.

아라베스크란 아라비아풍風이라는 뜻으로 이슬람교 사원의 벽면 장식이나 공예품의 장식에서 볼 수 있는 아라비아 무늬를 말합니다. 신의 모습을 형상으로 만드는 것에 반대하던 이슬람 교도들은 신의 나라를 찬양하기 위해 신의 모습 대신 문자·식물·기하학적인 그림들을 어울리게 배치하면서 서로 가로지르는 곡선 가운데 융합되어가는 환상적인 무늬를 만들었습니다.

이슬람 문화권에 남아 있는 많은 유적들을 살펴보면 독특한 무늬가 반복하여 배치되어 있는 경우가 있습니다. 합동인 도형

들을 그대로 연결하거나 방향을 바꿔가며 배치하는 것인데 수학적인 원리가 들어가 있을 뿐만 아니라 그 아름다움이 대단합니다.

이렇게 합동인 도형을 이용하여 장식을 하는 것은 이슬람 문화 외에도 다른 여러 나라 문화에서 보여지고 우리나라 문화에서도 나타납니다.

고궁이나 오래된 절, 가옥에 가 보면 지붕 쪽의 단청이나 문에 있는 문살 등 곳곳에 같은 모양이 반복되어 나타납니다.

합동을 이용한 디자인은 예부터 지금까지 계속해서 이용되고 있습니다. 집에 있는 목욕탕의 벽이나 바닥의 타일은 대부분 같은 무늬가 반복됩니다. 거리에 깔려 있는 보도블록에도 같은 모양의 벽돌들이 사용됩니다.

유클리드가 들려주는 삼각형 이야기

그릇에 무늬를 넣을 때도 같은 그림을 회전시켜 배치하고, 옷감을 만들 때도 반복되는 무늬를 이용하여 아름답게 꾸밉니다.

▨합동에 대한 용어

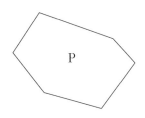 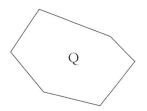

두 도형 P, Q가 서로 합동일 때, 이것을 기호로 나타내면 P≡ Q 입니다.

두 도형의 넓이가 같다면 ≒을 이용하고, 변의 길이뿐만 아니라 각까지 모든 모양이 같은 합동의 경우는 ≡를 사용합니다.

합동인 두 도형에서 서로 포개어지는 꼭짓점, 변, 각 등을 서로 대응한다고 합니다.

합동인 두 도형은 모양과 크기를 바꾸지 않고 완전히 포갤 수 있으므로 대응하는 변의 길이와 대응하는 각의 크기는 서로 같습니다.

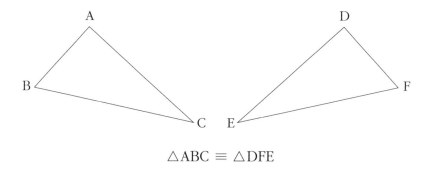

$$\triangle ABC \equiv \triangle DFE$$

합동인 두 삼각형 ABC와 삼각형 DFE가 있을 때 실제로 합동인지 확인하기 위해 삼각형 ABC를 떼어 낸 후 삼각형 DFE에 포개면 다음과 같아집니다.

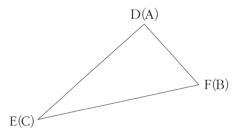

즉 점 D와 A, 점 E와 C, 점 F와 B가 겹치게 되고 변 DE와 변

유클리드가 들려주는 삼각형 이야기

AC, 변 DF와 변 AB, 변 EF와 변 CB가 완전히 겹쳐집니다. 또한 각 D와 A, 각 E와 C, 각 F와 B가 완전히 포개어집니다.

이렇게 완전히 포개어져 대응되는 점 D와 A를 대응점[11], 변 DE와 변 AC를 대응변[11], 각 D와 A를 대응각[11]이라고 합니다.

즉 대응변은 $\overline{AB}=\overline{DF}$, $\overline{BC}=\overline{FE}$, $\overline{AC}=\overline{DE}$입니다.

그리고 대응각은 $\angle A=\angle D$, $\angle C=\angle E$, $\angle B=\angle F$입니다.

11
대응점 합동 또는 닮은꼴인 다각형에서 서로 대응하는 두 점

대응변 합동 또는 닮은꼴인 다각형에서, 어떤 대응에 의하여 서로 대응하는 변

대응각 합동 또는 닮은꼴인 다각형에서 서로 대응하는 각

▨합동과 닮음

유클리드와 학생들은 유클리드의 초상화 작품 앞에 서 있습니다. 화가는 같은 그림을 크기만 다르게 하여 여러 개 전시하였습니다.

이 세 개는 모두 나를 그린 작품입니다. 그림의 내용은 같지만 크기가 다르지요? 왼쪽의 작은 그림을 확대하면 오른쪽의 큰 그림과 크기, 모양이 모두 같은 작품이 됩니다.

수학에서는 이렇게 두 개의 도형에서 한쪽을 일정한 비율로 확대 또는 축소한 것이 다른 쪽과 합동이 될 때, 이 두 도형을 '닮았다' 하고, 닮은 두 도형을 닮은도형 또는 닮은꼴이라고 합니다.

닮은 두 도형의 크기와 모양이 완전히 같을 때, 즉 합동일 때 두 도형의 각 변의 길이는 1:1의 비율이 됩니다. 크기는 다르지만 모양이 완전히 같은 닮은 도형일 때, 도형의 각 변의 길이는 모두 일정한 비율로 확대 또는 축소됩니다.

그러나 세 내각의 크기는 변하지 않습니다. 내각의 크기가 달라지면 도형의 모양이 달라지기 때문입니다.

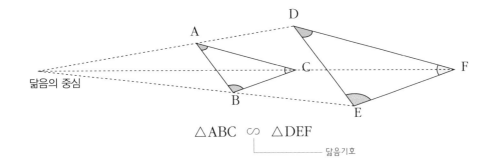

$$\triangle ABC \backsim \triangle DEF$$

닮음기호

　그림과 같이 삼각형 ABC의 변의 길이를 모두 두 배씩 확대하여 삼각형 DEF와 합동이 될 때 두 삼각형의 닮음의 비가 1:2라고 말합니다. 하지만 각각 대응하는 각의 크기는 같음을 알 수 있습니다.

　두 도형이 닮음인지 아닌지 알기 위해서는 서로 짝이 되는 변의 길이의 비와 내각의 크기를 비교해야 합니다. 합동의 경우에는 각각 대응하는 변의 길이를 비교하지만 일반적인 닮음의 경우에는 대응하는 변들의 길이의 비를 비교하게 됩니다.

　합동은 닮음의 비가 1:1인 특별한 닮음이기 때문에 대응하는 각의 크기는 당연히 같은지 확인하고, 대응하는 변의 길이에 대하여 그 비가 아니라 그 길이 자체로 비교하는 것입니다.

수업 정리

❶ 모양과 크기가 같아 한 도형을 옮겨서 다른 도형에 완전히 포개어지면 그 두 도형은 합동입니다.

❷ 두 도형이 합동이라는 것을 나타내는 기호는 '≡' 입니다.

❸ 합동인 두 도형에서 서로 포개어지는 꼭짓점, 변, 각 등을 서로 대응한다고 하고 각각을 대응점, 대응변, 대응각이라고 합니다.

❹ 두 개의 도형에서 한 쪽을 일정한 비율로 확대 또는 축소한 것이 다른 쪽과 합동이 될 때 이 두 도형을 닮았다고 하고, 두 도형을 닮은도형이라고 합니다.

❺ 두 도형이 닮음이라는 것을 나타내는 기호는 '∽' 입니다.

삼각형의
합동조건

삼각형의 합동 조건에 대해서 알아봅시다.

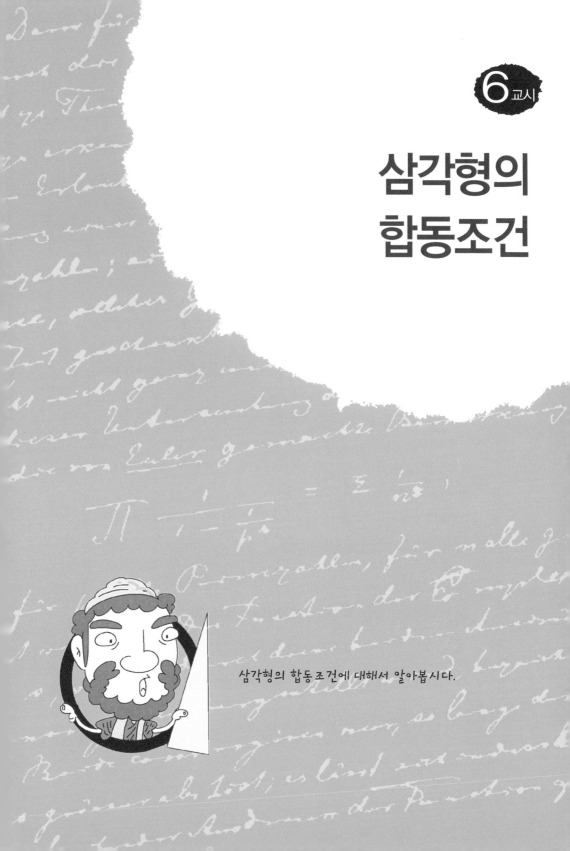

여섯 번째 학습 목표

1. 삼각형의 세 가지 합동조건에 대해서 알아봅니다.
2. 삼각형의 합동조건을 이용하여 주어진 문제 상황을 어떻게 해결하는지 생각해 봅니다.

미리 알면 좋아요

1. 합동 두 도형이 서로 모양과 크기가 같아 완전히 포개어지는 관계를 말합니다.
예를 들어, 공장에서 똑같은 물건을 생산해 내는 것처럼, 두 개의 도형이 있을 때 그 모양과 크기가 모두 같아 대응하는 변의 길이와 각의 크기가 같은 경우 이것을 합동인 도형이라고 합니다.

2. 삼각형의 결정조건 삼각형을 하나의 모양으로 결정하는 데 필요한 조건들로 세 가지 경우가 있습니다.
① 세 변의 길이가 주어질 때 : 다른 두 변의 길이의 합이 나머지 한 변의 길이보다 크다면 삼각형을 만들 수 있습니다.
② 두 변의 길이가 주어질 때 : 그 끼인각을 알려 주어야 삼각형을 하나로 결정할 수 있습니다.
③ 한 변의 길이가 주어질 때 : 그 변의 양 끝각의 크기를 알려 주어야 합니다.

유클리드와 아이들은 마을 주변을 산책하고 있었습니다. 마을의 숲길 한쪽에 사람들이 많이 모여 웅성대고 있었습니다. 몇몇 사람들이 건물을 짓는 데 이용하려고 큰 바위 이곳저곳을 재고 있었으나 바위가 울퉁불퉁하고 주변에 나무와 흙이 있어 바위의 길이를 재는 데 어려움을 겪고 있었습니다. 마을 사람들은 유클리드를 보자 바위의 길이를 쉽게 잴 수 있는 방법이 없는지 물어보았습니다.

이런 일은 내가 살던 곳에서도 많이 있었습니다. 철학자이자 수학자였던 탈레스는 이미 이런 상황을 해결한 적이 있지요.

큰 바위나 산의 크기를 직접 잰다는 것은 어렵습니다. 그러나 수학적인 방법을 이용하면 바위의 길이보다 긴 밧줄 두 개와 말뚝만으로 해결할 수 있습니다.

먼저 각각 밧줄의 절반인 부분에 매듭을 짓습니다. 그리고 매듭이 생긴 밧줄의 한쪽 끝을 바위 한쪽 끝에 말뚝으로 고정시킵니다. 나머지 밧줄 끝을 역시 바위의 다른 쪽 끝에 고정시킵니다.

유클리드가 들려주는 삼각형 이야기

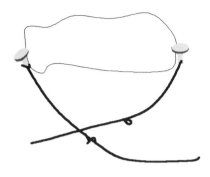

밧줄 각각을 한 사람씩 잡고 각 줄의 매듭이 있는 부분이 만나도록 팽팽히 잡아당긴 후 밧줄의 끝 부분이 있는 곳에 말뚝을 박습니다. 새로 박은 말뚝 사이의 길이를 재면 그것이 바로 바위의 크기와 같은 길이입니다.

마을사람들의 문제를 해결하고 유클리드는 아이들과 함께 교실로 돌아왔습니다. 아이들이 어떤 원리를 이용한 것인지 궁금해 하자 유클리드는 자세하게 설명해 주었습니다.

여러분들은 합동이 무엇인지 알고 있지요? 지난 시간에 합동이란 두 도형이 서로 모양과 크기가 같아서 완전히 포개어질 수 있는 관계라고 설명했습니다. 바위의 길이를 재기 위해 말뚝과 밧줄로 합동인 두 삼각형을 만든 것입니다.

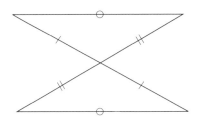

밧줄은 각각 절반의 길이에서 매듭을 묶었기 때문에 두 밧줄이 교차하여 생긴 두 삼각형은 두 변의 길이가 같은 상태입니다. 합동인 두 삼각형은 대응하는 세 변의 길이가 각각 같으므로 나머지 대응하는 한 쌍의 변인 두 말뚝 사이의 길이와 바위의 길이는 같습니다.

그리스의 최초의 철학자이자 수학자인 탈레스는 합동인 삼각형을 만드는 데 필요한 조건을 오래전에 발견했습니다. 그래서 나는 이 조건 중 하나를 이용하여 밧줄로 합동인 삼각형을 만든 것입니다. 내가 사용한 조건이 무엇인지 설명하기 위해 지금부

유클리드가 들려주는 삼각형 이야기

터 삼각형의 합동조건에 대해 자세히 설명해 주겠습니다.

▨삼각형의 합동조건

어떤 도형이든 합동인 것을 확인하기 위해서는 한 도형을 다른 도형에 포개어 보는 것이 필요합니다. 그러나 이것이 어려운 경우가 많습니다. 그래서 사람들은 기본 도형인 삼각형에 대해서 합동인지 확인할 수 있는 쉬운 방법들을 정리해 놓았습니다.

두 개의 삼각형이 합동인지 확인하는 방법들은 이미 우리가 네 번째 수업에서 배웠던 삼각형의 결정조건과 관련됩니다.

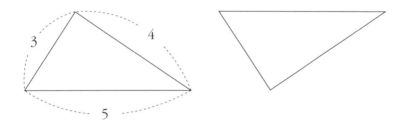

이렇게 세 변의 길이가 3, 4, 5인 삼각형과 다른 삼각형이 있을 때 합동인지 확인하는 방법은 바로 다른 삼각형의 변의 길이를 재는 것입니다. 주어진 세 변의 길이로 삼각형을 만들게 되

면 두 삼각형의 모양과 크기가 같아져 서로 완전히 포갤 수 있습니다. 따라서 세 변을 알면 삼각형의 모양을 결정할 수 있기 때문에 합동임을 알 수 있습니다.

대응하는 세 변의 길이가 각각 같을 때 두 삼각형은 합동이다.

삼각형의 다른 결정조건인 '두 변과 그 끼인각의 크기가 주어질 때'도 모양과 크기가 같은 삼각형을 결정할 수 있기 때문에 합동조건에 이용됩니다.

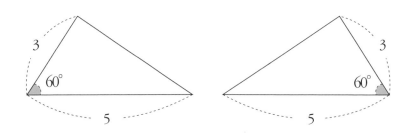

대응하는 두 변의 길이가 각각 같고, 그 끼인각의 크기가 같을 때 두 삼각형은 합동이다.

유클리드가 들려주는 삼각형 이야기

삼각형의 마지막 결정조건인 '한 변의 길이와 그 양 끝각이 주어질 때'도 삼각형을 하나로 결정할 수 있기 때문에 합동이 되는 조건이 됩니다. 각만 주어질 경우에는 변의 길이가 고정되지 않아 삼각형이 무수히 많이 만들어지기 때문에 대응하는 변의 길이를 적어도 하나는 비교해야 합동임을 알 수 있습니다.

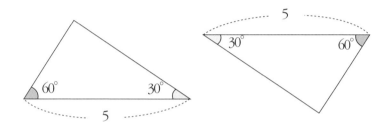

중요 포인트

대응하는 한 변의 길이가 같고, 그 양 끝각의 크기가 각각 같을 때 두 삼각형은 합동이다.

마을 사람들이 크기를 재려고 했던 바위의 경우 표면이 울퉁불퉁하여 그 길이를 정확히 재기가 어려웠습니다. 그래서 나는 절반의 길이가 표시가 된 밧줄과 말뚝을 이용하여 두 개의 합동인 삼각형을 만들었습니다. 이때 사용된 합동조건은 '대응하는 두 변의 길이가 각각 같고, 그 끼인각의 크기가 같으면 두 삼각형은 합동이다' 입니다.

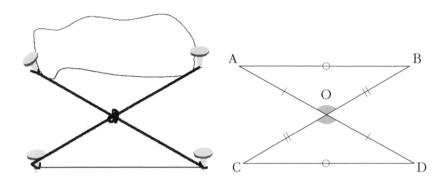

삼각형 AOB와 삼각형 DOC에서 점 O는 각 밧줄의 길이 $\overline{AD}$와 $\overline{BC}$를 이등분하는 점이므로 대응하는 두 쌍의 변 $\overline{AO}=\overline{DO}$, $\overline{BO}=\overline{CO}$입니다.

또한 ∠AOB와 ∠DOC는 맞꼭지각이므로 그 크기가 같습니다. 그런데 이 두 각은 대응하는 두 변 사이의 끼인각들이므로 '대응하는 두 변의 길이가 각각 같고, 그 끼인각의 크기가 같다' 는 합동조건을 만족하게 됩니다.

따라서 △AOB≡△DOC이므로 나머지 다른 대응하는 변인 $\overline{AB}$와 $\overline{DC}$의 길이가 같습니다. 즉 바위의 길이는 두 말뚝 사이의 길이인 5m라고 말할 수 있습니다.

유클리드가 들려주는 삼각형 이야기

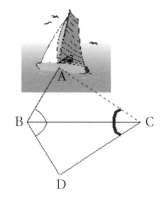

탈레스는 '대응하는 한 변의 길이와 그 양 끝각의 크기가 각각 같을 때 두 삼각형은 합동이다' 라는 조건을 이용하여 먼 바다에 떠 있는 배까지 거리를 재기도 하였습니다.

해변가에 선분 BC에 해당하는 적당한 거리의 선을 그은 후 양쪽 끝에서 바다에 떠 있는 배를 봅니다. 이때 이미 그은 선과 바다에 떠 있는 배를 향한 시선 사이에 있는 각인 ∠ACB와 ∠ABC의 크기를 잰 후 바다 반대 쪽으로 같은 크기의 각을 그립니다.

점 B에서 시작하여 한쪽 변을 BC로 하고 ∠ABC와 같은 각의 크기를 갖도록 반직선을 긋고, 또 점 C쪽에서 한쪽 변을 BC로, 각의 크기는 ∠ACB와 같게 반직선을 그어주면 두 반직선은 한 점 D에서 만나게 됩니다.

삼각형 ABC와 삼각형 DBC에서 변 BC의 길이는 공통이므로 길이가 같고, 반직선을 그을 때 각이 같도록 하였기 때문에 대응하는 양 끝각 ∠ABC=∠DBC, ∠ACB=∠DCB입니다.

즉 대응하는 한 변의 길이가 같고 그 양 끝각의 크기가 각각 같기 때문에 삼각형 ABC와 삼각형 DBC는 합동입니다.

해안가에 그려 놓은 선분 BD와 선분 DC의 길이를 재면 해안 가에서 멀리 떨어진 바다 위 배까지의 거리인 $\overline{AB}$와 $\overline{AC}$를 알 수 있게 됩니다.

합동인 삼각형 DBC에 대해 여러 가지 선을 그리고 삼각형이 가지고 있는 다른 성질들을 이용하여 길이를 재게 되면 해안가 곳곳에서 배까지의 거리를 더 구할 수 있습니다.

영어로 변은 Side라고 하고 각은 Angle이라고 합니다. 삼각 형의 합동조건을 잘 기억하기 위해 영어 단어의 앞 자를 이용해 간단히 부르기도 합니다.

중요 포인트

삼각형의 합동조건

대응하는 세 변의 길이가 각각 같다 ⇒ SSS 합동

대응하는 두 변의 길이가 각각 같고, 그 끼인각의 크기가 같다 ⇒ SAS 합동

대응하는 한 변의 길이가 같고, 그 양 끝각의 크기가 각각 같다 ⇒ ASA 합동

유클리드가 들려주는 삼각형 이야기

삼각형의 닮음조건도 합동조건처럼 SSS 닮음, SAS 닮음, AA 닮음 세 가지가 있습니다. 닮음의 조건 내용들이 합동조건과 아주 비슷하다는 것을 알 수 있겠죠? 이중 AA 닮음은 두 삼각형에서 두 개의 내각만 같으면 삼각형들이 닮음이라는 것을 의미합니다.

이전에 탈레스를 소개할 때 이집트 피라미드의 높이를 재어 유명해졌다고 했지요? 탈레스는 그때 삼각형의 AA 닮음의 성질을 이용하여 피라미드의 높이를 재었다고 합니다. 우리도 한번 생각해 볼까요?

우선 막대의 높이와 그림자의 길이 그리고 피라미드 그림자의 길이를 잽니다.

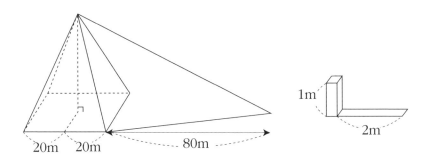

길이가 1m인 막대의 그림자 길이가 2m이고, 밑변의 가로의

길이가 40m인 피라미드의 그림자를 재었더니 80m입니다.

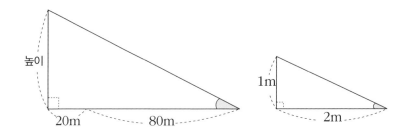

태양의 빛은 평행하게 오기 때문에 바닥에 빛이 내려오는 각도입사각는 같은 시간에 어느 곳이나 모두 같아집니다. 따라서 피라미드와 그림자, 막대와 그림자는 각각 직각삼각형을 이루며 대응하는 세 개의 내각의 크기는 같습니다. 닮음인 두 삼각형이므로 대응하는 변의 비를 구하면,

(피라미드 높이) : 1 = 100 : 2

2×(피라미드 높이)=100이므로

(피라미드 높이)=50

즉 50m입니다.

지금으로부터 2700년 전에 이런 개념을 이용하여 탈레스가
거대한 피라미드의 높이를 구했다고 하니 이집트의 왕 파라오
가 놀란 것은 당연하지요?

❶ 삼각형의 합동조건 중 SSS 합동은 대응하는 세 변의 길이가 각각 같을 때 두 삼각형이 합동이라는 것입니다.

❷ 각형의 합동조건 중 SAS 합동은 대응하는 두 변의 길이가 각각 같고, 그 끼인각의 크기가 같을 때 두 삼각형이 합동이라는 것입니다.

❸ 삼각형의 합동조건 중 ASA 합동은 대응하는 한 변의 길이가 같고, 그 양 끝각의 크기가 각각 같을 때 두 삼각형이 합동이라는 것입니다.

❹ 삼각형의 닮음조건으로 SSS 닮음, SAS 닮음, AA 닮음이 있습니다. 이 중 AA 닮음은 두 삼각형에서 두 개의 내각만 같으면 닮음이라는 것을 말합니다.

성냥개비 퍼즐을 해 봐요!

성냥개비 퍼즐은 주어진 개수의 성냥개비만을 사용하여 모양을 만들거나 만들어진 모양에서 일정한 개수의 성냥개비를 옮겨 원하는 모양을 만드는 퍼즐입니다. 두뇌 개발에 좋다고 하여 퍼즐 문제에도 자주 등장하고 보드 게임으로 즐기는 사람들도 많답니다.

다양한 성냥개비 퍼즐 가운데 오늘은 삼각형에 관련된 퍼즐을 몇 개 소개하겠습니다.

왼쪽은 성냥개비 9개로 이루어진 삼각형 모양입니다.

지금 이 그림에서 보이는 삼각형은 작은 정삼각형 4개와 큰 정삼각형 하나를 포함하여 모두 5개입니다. 이제부터 보이는 삼각형의 개수를 줄여 나가려고 하는데요, 단 2개의 성냥개비만 움직여 삼각형의 개수를 줄여 보세요.

일단 삼각형 4개만 보이도록 성냥개비 2개를 움직여 보세요.

어떻게 하는지 이해했나요? 생각보다 쉽지요? 그럼 이제 삼각형이 3개만 보이도록 성냥개비 2개를 움직여 보세요. 혹시 아래와 같은 모양이 나왔나요? 어떤 성냥개비 2개를 이동시켰는지 표시해 보세요.

그렇다면 삼각형 2개만 보이도록 성냥개비 2개를 움직이는 방법도 있을까요? 또 삼각형 1개만 보이도록 하는 방법은요? 여러분들이 생각해 보세요.

그림에 삼각형 세 개가 마치 꼬리를 물고 가는 물고기처럼 줄 지어 있습니다. 이번에는 삼각형 하나를 통째로 옮겨서 삼각형 4개가 보이게 만들어 볼까요?

단순하게 생각할수록 오히려 쉽게 해결되는 퍼즐이랍니다. 퍼즐의 답은 아래 그림과 같습니다.

조금 더 어려운 것으로 나아가 볼까요?

수레바퀴Wheel 퍼즐이라고 하는 것인데 12개의 성냥개비로 만든 수레바퀴 모양에서 4개의 성냥개비를 옮겨 정삼각형 세 개를 만드는 것입니다. 처음에 하던 것보다는 조금 더 생각을 해야겠지요?

답을 알려드리겠습니다. 바로 이렇게 하면 됩니다.

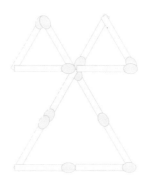

마지막으로 성냥개비를 가지고 정삼각형을 만들어 보는 퍼즐을 해 봅시다.

성냥개비 3개로 만들 수 있는 정삼각형의 개수는 한 개입니다. 성냥개비 4개로는 정삼각형을 하나 만들고 성냥개비 하나가 남게 됩니다.

성냥개비 5개로 만들 수 있는 정삼각형은 다음 그림의 왼쪽

유클리드가 들려주는 삼각형 이야기

그림처럼 2개입니다. 성냥개비 7개로는 오른쪽 그림처럼 2개의 정삼각형을 만들 수 있습니다.

성냥개비 5개로 만들 수 있는 정삼각형들을 생각하다 왜 갑자기 성냥개비 7개로 만들 수 있는 정삼각형 개수로 넘어갔을까요? 바로 성냥개비 6개로 정삼각형을 만들어 보는 것이 문제이기 때문입니다. 마지막 퍼즐은 성냥개비 6개로 정삼각형 4개를 만드는 것입니다. 유명한 퍼즐이라 이미 알고 있는 학생들도 있을 거예요.

아이들은 성냥개비를 옮기며 책상 위에 삼각형을 만들어 보고 있습니다. 한참을 고민하던 한 아이가 성냥개비를 입체로 붙여나가기 시작했습니다. 생각을 계속하던 나머지 아이들도 점차 그 아이에게 관심을 갖게 되었습니다.

퍼즐의 세계에서는 한쪽으로만 생각해서는 안 된답니다. 성냥개비 6개로 평면에서는 정삼각형 4개를 만들 수 없습니다. 그러나 생각을 달리하여 삼차원 입체를 만든다고 생각하면 이 문제는 쉽게 해결됩니다. 바로 정사면체[12]라고 불리는 삼각뿔을 만들면 됩니다.

⑫ 정사면체 각 면이 모두 합동인 정삼각형으로 이루어진 다면체

정사면체는 어느 곳에서 보아도 그 면이 모두 합동인 정삼각형으로 이루어진 아주 튼튼한 입체도형입니다. 삼각형이 다각형 중에서 가장 적은 수의 변으로 이루어진 평면도형이었다면 정사면체는 면이 여러 개인 입체도형 즉 다면체 중에서 가장 적은 수의 면을 갖는 입체도형입니다.

유클리드가 들려주는 삼각형 이야기

삼각형의 넓이에
대하여

삼각형의 넓이는 사각형의 넓이와 관련되어 있습니다.
어떤 관계가 있을까요?

일곱 번째 학습 목표

1. 삼각형과 사각형의 넓이 사이의 관계를 알고 삼각형 넓이 공식을 유도해 봅니다.
2. 평행선을 이용하여 똑같은 넓이의 삼각형을 생각해 봅니다.

미리 알면 좋아요

1. 넓이 평면의 크기를 나타내는 양으로 면적이라고도 합니다.

예를 들어, 우리가 땅의 넓이라는 말을 쓰는 것처럼 평면 위에 직선이나 곡선으로 둘러싸인 부분의 크기를 나타내는 양을 말합니다. 직사각형의 넓이는 직사각형의 가로의 길이와 세로의 길이를 곱하여 구할 수 있습니다.

2 삼각형의 높이 삼각형의 꼭짓점에서 밑변에 그은 수선의 길이를 말합니다. 일반적으로 높이란 3차원 공간에서 물건의 높은 정도를 나타내는 말이지만, 삼각형에서 사용되는 높이라는 말은 삼각형의 한 꼭짓점과 마주보는 한 변을 밑변이라 하고 그 꼭짓점에서 밑변과 수직인 선분을 내릴 때 그 선분의 길이를 가리킵니다. 산 모양을 그리고 그 높이를 표시하는 것처럼 삼각형의 높이를 나타냅니다.

유클리드와 아이들은 고대 이집트의 나일 강 근처에 갔습니다. 나일 강은 홍수로 강이 범람하여 땅이 비옥한 곳입니다.

오늘은 삼각형의 넓이를 어떻게 구하는지 알아보겠습니다. 여기는 이집트의 나일 강 옆에 있는 땅입니다. 세금을 걷는 관리가 농부들의 땅의 크기에 따라 세금을 걷으려고 하는데, 나일 강이 홍수로 넘쳐 농사를 짓던 땅의 경계선이 없어졌다고 합니다. 문서에 기록된 대로 땅의 크기를 정리하기 위해 땅을 삼각형 모양으로 나누고 그 넓이를 구하고 있습니다.

사각형 모양의 땅이라면 가로와 세로의 길이를 곱하여 넓이를 구한다는 것을 알고 있습니다. 그렇다면 삼각형 모양의 땅 넓이는 어떻게 구해야 할까요?

▨ 삼각형과 사각형 넓이의 관계

삼각형의 한 꼭짓점에서 마주보는 변 위의 점을 연결하여 그 변과 직각을 이루는 선분을 그립니다. 이때 그려진 선분을 바로 삼각형의 높이라고 합니다.

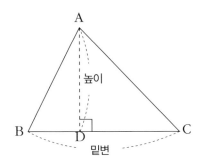

유클리드가 들려주는 삼각형 이야기

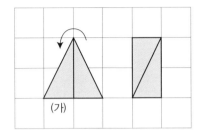 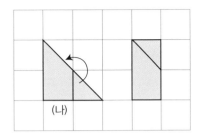

(가) (나)

정사각형 하나의 넓이가 1이라 할 때 주어진 삼각형 모양의
넓이는 2가 되는 것을 알 수 있습니다. 삼각형 모양에서 적절한
조각을 잘라 내어 새로 붙이게 되면 직사각형 모양을 만들 수
있기 때문입니다.

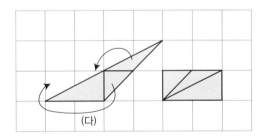

(다)

넓이가 2인 세 삼각형 (가), (나), (다)의 공통점은 무엇일까요?
세 삼각형은 모두 모양이 다르지만 그 밑변이 두 칸을 차지하
고 높이도 두 칸인 것을 알 수 있습니다.

그렇다면 삼각형과 사각형의 넓이에 밑변의 길이와 높이가 영향을 준다고 추측할 수 있겠지요?

이번에는 삼각형 모양의 종이를 접고 오려 내서 조각을 붙이는 것으로 그 관계를 확인해 봅시다.

삼각형 ABC에서 그림처럼 점 B가 점 A를 지나 직선 BC 위에 오도록 접어 봅시다.

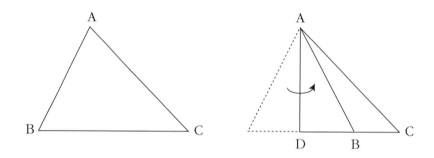

이 상태에서 점 A가 점 D와 겹쳐지도록 접은 후, 다시 펼쳐 윗부분을 작은 삼각형 두 개로 잘라 냅니다.

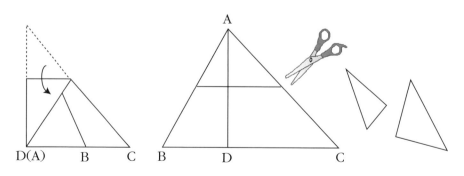

유클리드가 들려주는 삼각형 이야기

잘라 낸 작은 삼각형 두 개를 남은 조각과 맞추면 직사각형이 만들어집니다.

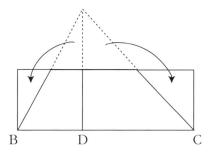

그래서 삼각형의 넓이는 가로의 길이가 삼각형의 밑변의 길이와 같고 세로의 길이가 삼각형 높이의 절반인 직사각형의 넓이와 같다는 것을 알 수 있습니다.

즉 어떤 삼각형 ABC의 높이와 밑변의 길이를 알고 있다면 그 삼각형의 넓이는 사각형의 넓이를 이용하여 구할 수 있습니다.

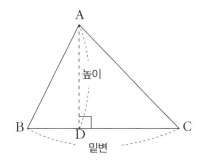

직각삼각형 ABD에 합동인 삼각형을 붙이고 직각삼각형

ADC에도 마찬가지로 합동인 삼각형을 빗변이 공통이 되게 붙입니다.

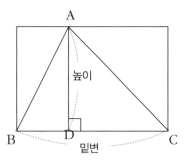

그러면 이 그림처럼 삼각형 ABC의 넓이는 곁에 있는 직사각형 넓이의 절반이 됩니다. 직사각형의 가로의 길이가 삼각형 밑변의 길이와 같고 직사각형의 세로의 길이는 삼각형의 높이와 같습니다.

앞에서 설명한 모든 방법을 통해 삼각형의 넓이는 이렇게 정리할 수 있습니다.

중요 포인트

삼각형의 넓이

＝(직사각형 넓이)÷2=(가로의 길이)×(세로의 길이)÷2

＝(밑변의 길이)×(삼각형의 높이)÷2

유클리드가 들려주는 삼각형 이야기

▨평행선과 삼각형의 넓이

유클리드와 아이들은 다투고 있는 농부들을 만났습니다. 이웃에 살고 있는 두 농부는 땅의 경계선이 꺾여 있어 농사를 지을 때 불편했습니다. 그래서 농부들은 경계선을 반듯하게 해 새로운 경계선을 만들기로 했습니다. 그러나 정작 경계선을 그리면서 서로 자신의 땅이 작아 보이자 말다툼을 시작했습니다. 아이들은 유클리드에게 좋은 방법이 없냐고 물어보았습니다.

먼저 땅의 모양을 살펴봅시다. 두 사람의 땅은 이렇게 생겼군요.

유클리드는 가지고 있던 종이에 농부들의 땅을 그렸습니다.

첫 번째 농부의 밭　　　　　두 번째 농부의 밭

해결 방법이 있습니다. 평행선을 그려서 넓이가 같은 삼각형을 만들면 됩니다. 평행선에 그려진 삼각형들은 밑변의 길이만 같다면 높이가 모두 같기 때문에 그 넓이가 같습니다.

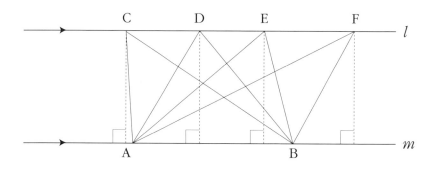

l // m일 때, △ABC=△ABD=△ABE=△ABF

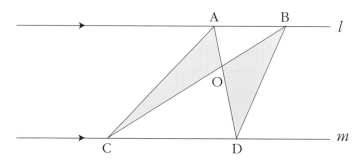

그림에서 직선 l과 직선 m이 평행하므로 △ACD=△BCD입니다.

선분 AD와 선분 BC의 교점을 O라고 할 때, △ACO의 넓이와 △BOD의 넓이가 같습니다.

　왜냐하면　△ACO=△ACD−△OCD=△BCD−△OCD=△BOD이기 때문입니다.

　이제 농부들의 땅에 새로운 경계선을 그려줍시다. 우선 평행선을 그림과 같이 그려 줍니다.

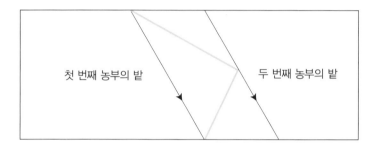

　한 쪽 경계선 끝인 점 D와 반대쪽에 있는 평행선의 끝 점 A를 연결하여 삼각형들의 넓이를 비교합니다.

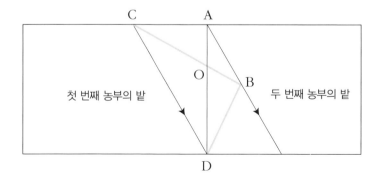

삼각형 ACO와 삼각형 BOD의 넓이가 같으므로 선분 AD는
새로운 경계선으로 이용할 수 있습니다.

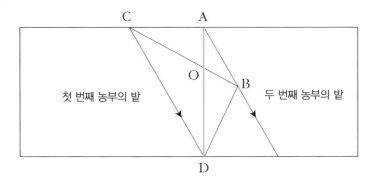

두 농부는 유클리드의 설명을 듣고 사이좋게 밭의 경계선을
새로 만들었습니다. 그리고 아이들과 유클리드는 기분 좋게 이
집트 여행을 계속했습니다.

유클리드가 들려주는 삼각형 이야기

❶ 삼각형을 여러 가지 방법으로 변형시키면 직사각형 모양을 만들 수 있습니다.

❷ 삼각형의 넓이는 삼각형의 밑변과 높이를 각각 가로의 길이와 세로의 길이로 갖는 직사각형 넓이의 절반입니다.
즉 (삼각형의 넓이)＝(밑변의 길이)×(삼각형의 높이)÷2

❸ 평행선에 삼각형을 그릴 때 그 밑변의 길이만 갖게 하면 높이가 모두 같기 때문에 넓이가 같은 삼각형을 무수히 많이 그릴 수 있습니다.

이등변삼각형과 정삼각형

이등변삼각형은 어떤 성질을 갖고 있을까요?
정삼각형에 대해서도 함께 알아봅시다.

여덟 번째 학습 목표

1. 이등변삼각형의 성질에 대해 알아봅니다.
2. 정삼각형의 성질에 대해 알아봅니다.

미리 알면 좋아요

1. **이등분선** 선분의 길이나 각도 따위를 둘로 똑같이 나누는 선을 말합니다.
예를 들어, 종이로 비행기, 학, 거북이 등을 접을 때 맞닿은 모서리를 서로
잘 겹치도록 누른 후 종이를 펼치면 각을 두 부분으로 나누는 선이 생깁니
다. 이런 선을 이등분선이라고 합니다.

2. **수직** 직선과 직선, 직선과 평면, 평면과 평면이 이루는 각이 직각일 때를
말합니다.
예를 들어, 평평한 바닥에 나무 막대를 세울 때 바닥과 막대가 $90°$를 이루어
야 균형을 이루어 넘어지지 않습니다. 집 안에 있는 천장과 벽을 연결하는
부분도 대부분 $90°$를 이루고 있습니다. 이와 마찬가지로 도형의 세계에서 직
선과 직선, 직선과 평면, 평면과 평면이 직각을 이룰 때 이를 수직이라고 말
합니다.

유클리드의
여덟 번째 수업

따뜻하고 화창한 날 유클리드와 아이들은 야외로 나갔습니다. 함께 푸른 하늘을 바라보다 종이비행기를 만들어 날리기로 했습니다. 그런데 아이들이 만든 종이비행기보다 유클리드가 만든 종이비행기가 원하는 쪽을 향해 똑바로 잘 날아갔습니다. 아이들은 그 이유가 궁금해졌습니다.

종이비행기를 접을 때 날개 부분을 잘 만들어야 합니다. 날개
가 균형을 이루어야 잘 날아가기 때문이지요. 여기에도 삼각형
의 놀라운 성질이 이용되고 있어요. 날개 부분이 이등변삼각형

유클리드가 들려주는 삼각형 이야기

을 이룰 때 완벽한 균형을 이루어 날아가게 됩니다. 이등변삼각형은 양쪽 모양이 똑같기 때문이지요.

사람들은 오래전부터 이등변삼각형의 두 변과 두 밑각의 크기가 같다는 것을 알고 이를 이용해 화살촉 같은 물건을 만들었습니다. 삼각형의 뾰족한 부분이 날아가는 화살촉의 공기 저항을 작게 만들고, 길이가 같은 두 변이 완벽한 균형을 이루어 날아가도록 해 주기 때문에 구석기 시대부터 그 모양을 이용했다고 합니다.

저기 나뭇가지에 예쁜 새가 한 마리 앉아 있습니다. 이 새는 '큰유리새'라고 불리는데요, 그 부리를 보면 이등변삼각형을 닮았답니다. 새는 하늘을 빨리 날아야 하기 때문에 그 부리 모양이 이등변삼각형 모양으로 되어 있지요. 물고기 중에는 '프렌치 엔젤피시'처럼 아예 몸 전체가 이등변삼각형 모양인 것들도 있답니다.

▨이등변삼각형의 성질

이등변삼각형은 두 변의 길이가 같고 마주보는 두 밑각의 크기가 서로 같습니다.

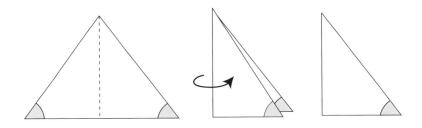

이렇게 이등변삼각형의 길이가 같은 두 변을 서로 만나게 접으면 두 밑각의 크기가 같아짐을 알 수 있습니다.

사람들은 오래전부터 이등변삼각형의 양쪽 모양이 똑같이 생겼기 때문에 두 밑각의 크기가 같을 것이라고 생각했지만 모든 이등변삼각형에 대해서 이런 성질이 성립한다는 것은 탈레스 같은 수학자들이 증명을 통해 알아냈습니다.

이등변삼각형의 두 밑각의 크기는 서로 같다.

유클리드가 들려주는 삼각형 이야기

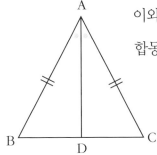

이와 같은 정리는 우리가 배운 삼각형의 합동조건을 이용하여 증명할 수 있습니다.

이등변삼각형 ABC의 꼭지각 A를 이등분하도록 선분 AD를 그리면 두 삼각형 ABD와 ACD는 합동이 됩니다.

왜냐하면 선분 AD는 두 삼각형의 공통인 변으로 $\overline{AD}=\overline{AD}$이고, 이등변삼각형이니까 $\overline{AB}=\overline{AC}$입니다. 또 선분 AD를 그릴 때 ∠A를 이등분한 것이므로 ∠BAD=∠CAD입니다.

즉 대응하는 두 변의 길이가 같고 그 끼인각의 크기가 같으므로 두 삼각형 ABD와 ACD는 합동SAS 합동입니다.

두 삼각형 ABD와 ACD가 합동이기 때문에 대응각인 ∠B=∠C이므로 삼각형 ABC의 두 밑각의 크기는 같습니다.

이 증명을 통해 나머지 내각인 ∠ADB와 ∠ADC도 같은 것을 알 수 있습니다. 그런데 ∠ADB+∠ADC=∠BDC 즉 평각이므로 그것의 절반인 ∠ADB=∠ADC=90°가 됩니다.

즉 이등변삼각형을 같은 길이의 변이 겹쳐지도록 접으면 직각삼각형을 만들 수 있습니다.

△ABD와 △ACD가 합동이므로 $\overline{BD} = \overline{CD}$ 이고, ∠ADB=∠ADC = 90° 이므로 $\overline{AD}$ 와 $\overline{BC}$ 는 수직입니다. 여기서 이등변삼각형의 두 번째 성질이 나옵니다.

이등변삼각형의 꼭지각의 이등분선은 밑변을 수직이등분한다.

하늘에 날리는 가오리연에도 이등변삼각형의 이런 성질이 활용되고 있습니다. 연을 높이 잘 올리기 위해서는 양쪽이 균형을 이루도록 만들어 주어야 합니다. 그래서 가오리연을 만들 때는 변 AB

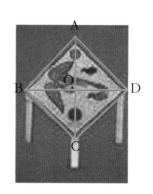

와 변 AD의 길이를 같게 만들고, 변 BC와 변 DC의 길이를 항상 같게 만듭니다.

그렇게 하면 삼각형 ABD와 삼각형 CBD가 각각 이등변삼각형이 되므로 변 AC와 변 BD는 수직으로 만나게 되어 가오리연은 양쪽의 균형을 이루게 됩니다.

즉 $\overline{AB} = \overline{AD}$이므로 삼각형 ABD는 이등변삼각형이고, 선분 AC가 ∠A의 이등분선이면 선분 AC와 선분 BD가 수직이 됩니다.

역시 $\overline{CB} = \overline{CD}$이므로 삼각형 BCD는 이등변삼각형이고, 선분 AC가 ∠C의 이등분선이면 선분 AC와 선분 BD가 수직입니다.

또한 삼각형의 합동에 의해 $\overline{OB} = \overline{OD}$입니다.

▨어느 것이 이등변삼각형인가?

유클리드는 아이들에게 두 개의 삼각형 조각을 보여 주었습니다.

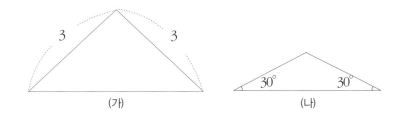

(가)   (나)

어느 삼각형이 이등변삼각형일까요?

삼각형이 이등변삼각형인지 아닌지 알 수 있는 방법은 두 가지가 있습니다. 가장 쉬운 방법은 두 변의 길이가 같은지 확인하는 것입니다. '이등변'이라는 말은 '두 개의 같은 변'이라는 말이니까 당연한 것이겠죠. 따라서 (가) 조각은 이등변삼각형이 맞습니다.

그러면 (나) 조각은 부등변삼각형일까요?

아닙니다. 이등변삼각형인지 아닌지 구분하는 또 다른 방법은 두 개의 각을 비교해 보는 것입니다. 따라서 (나) 조각도 이등변삼각형입니다.

(나) 조각은 두 개의 내각의 크기가 $30°$로 같습니다. 이것은 이등변삼각형이 갖는 밑각에 관련된 성질로 이등변삼각형을 구분시켜 주는 중요한 특징입니다.

두 내각의 크기가 같은 삼각형은 이등변삼각형이다.

그럼 이 정리에 대해 증명해 보이겠습니다.

삼각형 ABC에서 두 내각 ∠B와 ∠C의 크기가 같다고 합시다.

∠A의 이등분선과 변 BC의 교점

유클리드가 들려주는 삼각형 이야기

을 D라고 하면 ∠BAD=∠CAD이고 이미 ∠B=∠C이므로 ∠ADB=180°−∠BAD−∠B=180°−∠CAD−∠C=∠ADC입니다. 그리고 선분 AD는 공통이므로 그 길이가 같습니다.

즉 대응하는 한 변의 길이가 같고 그 양 끝각의 크기가 각각 같으므로 △ABD≡△ACDASA 합동입니다.

따라서 대응하는 변인 선분 AB와 선분 AC의 길이가 같아지고 두 변이 같으므로 삼각형 ABC는 이등변삼각형입니다.

즉 두 내각의 크기가 같으면 변의 길이를 확인하지 않아도 이등변삼각형임을 알 수 있습니다. 따라서 내가 보여준 조각 (나)의 경우도 두 내각이 30°로 그 크기가 같기 때문에 이등변삼각형이라고 말할 수 있습니다.

▨정삼각형의 성질

잔디밭에서 뛰어놀던 아이들은 유클리드가 가져 온 특이한 모양의 부메랑을 구경하고 있습니다.

부메랑은 작은 새나 짐승을 사냥할 때 혹은 전투를 하거나 놀

이를 하기 위해 아주 오래 전부터 사용되던 나무 도구입니다.

보통 오스트레일리아의 원주민들이 사용했던 활 모양이 일반적

인데 내가 오늘 가져 온 것은 삼각형의 꼭짓점을 연결한 모양입

니다.

유클리드가 들려주는 삼각형 이야기

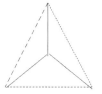

이 부메랑의 바깥을 둘러싸는 삼각형이 있다고 상상해 보면 세 변의 길이가 같은 정삼각형을 떠올릴 수 있습니다.

A

정삼각형은 이등변삼각형 중에서 세 변의 길이가 모두 같은 삼각형입니다. 삼각형의 종류를 배울 때 교통 표지판을 보면

B   C

서 설명했듯이 정삼각형은 어느 방향으로 돌려보아도 모양이 균형 잡혀 있고 대칭⑬적인 모양을 갖고 있습니다.

⑬ 대칭 점·선·면 또는 그것들의 모임이 한 점·직선·평면을 사이에 두고 같은 거리에 마주 놓여 있는 것. 점인 경우에는 점대칭, 직선일 경우에는 선대칭, 평면일 경우에는 면대칭이라고 한다.

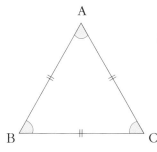

천천히
SLOW

정삼각형은 세 변의 길이가 같기 때문에 세 가지 다른 방법으로 삼각형을 반으로 접을 수 있습니다. 즉 이등변삼각형의 대

칭축은 하나이지만 정삼각형에는 대칭축이 세 개가 있습니다.

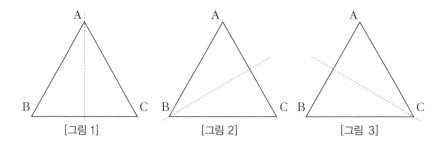

[그림 1]　　　　[그림 2]　　　　[그림 3]

정삼각형은 이등변삼각형의 성질을 갖고 있기 때문에 세 내각의 크기가 모두 같습니다. 왜냐하면 정삼각형을 어느 방향으로 돌려보아도 모양이 똑같아 세 개의 내각 중 아무것이나 이등변삼각형의 꼭지각 역할을 할 수 있고 나머지 각은 밑각이 되므로 결국 세 내각이 모두 같은 크기를 갖게 됩니다.

정삼각형 ABC에서 [그림 1]처럼 ∠A를 꼭지각으로 보면 ∠B=∠C입니다. [그림 2]와 같이 ∠B를 꼭지각으로 보면 ∠C=∠A입니다. 따라서 세 내각은 ∠A=∠B=∠C입니다.

우리는 삼각형의 세 내각의 크기의 합이 $180°$ 인 것을 알고 있습니다.

즉 ∠A+∠B+∠C=$180°$ 이고 ∠A=∠B=∠C이므로 정삼각형의 한 내각의 크기는 $60°$ 입니다.

유클리드가 들려주는 삼각형 이야기

여덟번째
수업 정리

❶ 이등변삼각형은 두 변의 길이가 같고 양쪽 모양이 같기 때문에 균형을 이룹니다. 또한 꼭지각 부분이 뾰족하여 공기 저항이 작기 때문에 화살촉 같이 비행하는 물건을 만드는 데 이용되었고 자연의 동물이나 식물에서도 그 모양을 발견할 수 있습니다.

❷ 이등변삼각형의 두 밑각의 크기는 서로 같습니다.

❸ 이등변삼각형 꼭지각의 이등분선은 밑변을 수직이등분합니다.

❹ 두 내각의 크기가 같은 삼각형은 이등변삼각형입니다.

❺ 정삼각형은 세 변의 길이가 모두 같고 세 내각의 크기가 $60°$로 모두 같으며 세 꼭짓점을 기준으로 대칭축을 생각할 때 모두 대칭을 이루는 삼각형입니다.

파스칼 삼각형이 뭐야?

'인간은 생각하는 갈대다' 라는 말을 들어본 적 있나요? 파스칼이라는 프랑스 사람이 한 말입니다. 파스칼은 수학자이자 물리학자이고 또한 철학자로 역사 속 천재들 중 한 명이었습니다. 파스칼의 유작이 된《팡세》라는 책에 '인간은 자연 속에서 가냘픈 한 줄기 갈대와 같다. 그러나 생각하는 갈대다' 라는 글이 적혀 있어 파스칼은 철학자로 많은 사람들에게 알려져 있습니다.

파스칼 삼각형이 도대체 무엇일까요? 파스칼은 수학자로서 도형을 다루는 분야인 사영기하학에 '파스칼의 정리' 라는 업적을 만들었고 페르마라는 수학자와 편지를 주고 받으며 도박과 관련된 문제를 풀어 '확률론' 이라는 수학 분야를 개척한 유명한 수학자입니다. 고등학교 이상에서 배우는 수학적 귀납법을 연구하기도 했지요.

그렇다면 파스칼이 자신만의 독특한 삼각형을 만들었다는 것일까요?

아닙니다, 파스칼 삼각형은 도형이 아니라 파스칼이 만든 특별한 수의 배열을 말합니다. 파스칼은 열세 살 때 특이한 규칙을 가진 수의 삼각형을 발견했습니다.

18, 19, 20세기의 수학의 중심지가 서양이었기에 이 수의 삼각형도 17세기 사람인 파스칼이 만들었다고 알려져 파스칼 삼각형이란 이름이 붙었지만 실제 역사적으로는 동양인 중국에서 11세기에 살았던 천문학자이며 수학자인 가헌이 먼저 발견했다고 합니다.

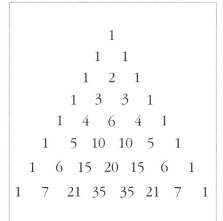

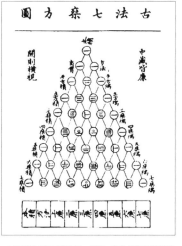

1303년에 만들어졌다는 중국 서적 《사원옥감》에
나오는 파스칼 삼각형

파스칼 삼각형은 만드는 방법이 단순하면서도 여러 가지 수학적인 의미를 가지는 수의 삼각형입니다. 앞 그림의 왼쪽 숫자들을 보면 정말 삼각형 모양으로 수들이 배열되어 있습니다. 언뜻 보기에는 어떤 규칙을 가지고 있는지 알 수 없지만 자세히 바라보면 아주 단순한 원리를 가지고 있답니다.

모든 줄의 가장 왼쪽과 가장 오른쪽의 숫자는 모두 1입니다. 그런데 위에서 세 번째 줄부터 가운데 나오는 2는 바로 윗줄에 있던 1과 1의 합인 것을 알 수 있습니다. 네 번째 줄에 3도 바로 윗줄의 1과 2의 합인 것을 알 수 있습니다. 이제 규칙을 알겠죠?

파스칼 삼각형의 원리는 바로 윗줄의 이웃한 두 수의 합으로 수를 만들어 가는 것입니다. 줄마다 나타나는 숫자들은 놀랍게도 이항계수, 즉 $(a+b)$처럼 두 개의 항을 가진 식을 여러 번 거듭하여 곱해 나갈 때 나타나는 결과의 각 항의 계수가 됩니다. 문자로 이루어진 식을 여러 번 계산한다는 것은 무척 어려운 일인데 파스칼 삼각형에 나오는 숫자는 그 계산을 하지 않고도 어떤 결과가 나올지 알려줍니다.

파스칼 삼각형의 또 다른 특징 중 하나는 대각선 방향으로 수를 읽어낼 때 삼각수를 찾을 수 있다는 것입니다.

유클리드가 들려주는 삼각형 이야기

```
            1
          1   1
        1   2   1
      1   3   3   1
    1   4   6   4   1
  1   5  10  10   5   1
1   6  15  20  15   6   1
1  7  21  35  35  21  7   1
```

```
1        3          6
☆        ☆          ☆
        ☆ ☆        ☆ ☆
                  ☆ ☆ ☆

    10          15
    ☆           ☆
   ☆ ☆         ☆ ☆
  ☆ ☆ ☆       ☆ ☆ ☆
 ☆ ☆ ☆ ☆     ☆ ☆ ☆ ☆
            ☆ ☆ ☆ ☆ ☆
```

　왼쪽 파스칼 삼각형에서 그림으로 표시된 1, 3, 6, 10, 15, 21 등이 바로 삼각수에 속하는 것으로 삼각수는 1부터 배열해서 피라미드 모양 즉 삼각형 모양이 되는 수를 말합니다.

　오른쪽 그림을 수식으로 표현해 보면 1, 1+2=3, 1+2+3=6, 1+2+3+4=10, 1+2+3+4+5=15입니다.

　파스칼 삼각형에서는 이 밖에도 여러 가지 다른 도형수들을 찾아낼 수 있답니다.

직각삼각형의 특별함

직각삼각형은 너무나 특별하고 유명한 삼각형입니다.
직각삼각형의 중요한 성질을 관찰해 보고,
직각삼각형의 합동조건에 대해서 알아봅시다.

아홉 번째 학습 목표

1. 직각삼각형의 여러 성질에 대해서 알아봅니다.
2. 직각삼각형의 합동조건에 대해서 생각해 봅니다.

미리 알면 좋아요

1. 직각 두 직선이 만나서 이루는 90°의 각을 말합니다.

직각은 평각의 절반의 크기를 가지는 것으로 우리 생활 속에서 가장 많이 사용됩니다. 평평한 바닥 위에 물건을 세우는 상황에서부터 컴퓨터, 텔레비전, 탁자, 의자 등 많은 물건들이 직각을 이루고 있습니다. 직각은 영어로 Right angle이기 때문에 '∠R'로 나타내기도 합니다.

2. 중점 선분의 길이를 이등분하는 점을 말합니다.

예를 들어, 맛있는 소시지같이 막대 모양의 간식을 두 명이 나누어 먹을 때 정확하게 그 길이의 절반을 나누려고 애를 쓰지요? 이렇게 선분의 길이를 정확히 이등분하는 점을 찾아야 하는 경우가 있는데, 이 때 선분을 정확히 반으로 나누는 가운데 점을 선분의 중점이라고 말합니다. 그래서 중점을 이등분점이라고도 부릅니다.

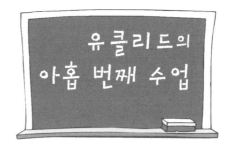

유클리드의
아홉 번째 수업

오늘은 특별한 성질을 갖는 삼각형에 대해서 알아보겠습니다. 삼각형 중에서 가장 많은 성질을 갖고 있다고 할 수 있는 직각삼각형이 오늘의 주인공입니다.

한 내각의 크기가 직각인 직각삼각형은 직각을 제외한 다른 두 내각의 크기의 합이 $90°$입니다. 삼각형의 내각의 크기의 합이 $180°$인데 여기에서 직각을 제외하면 당연히 나머지 두 내각을 합한 크기는 $90°$가 되지요.

또한 직각삼각형에서 빗변의 중점은 세 꼭짓점에서 같은 거리에 있습니다. 빗변은 직각의 대변 즉 직각과 마주보고 있는 변입니다. 이 빗변의 길이를 정확히 이등분하는 점이 바로 중점인데 중점에서 세 꼭짓점까지의 길이를 재면 모두 같습니다.

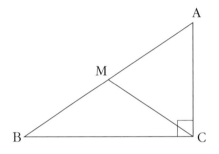

$$\overline{AM} = \overline{BM} = \overline{CM}$$

직각삼각형은 이런 성질 외에도 다른 많은 특징을 가지고 있습니다. 지금부터 직각삼각형에 대해 더 자세히 살펴봅시다.

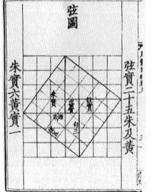

유클리드는 중국 고서 《주비산경》을 아이들에게 보여주고 있습니다.

내가 지금 손에 들고 있는 이 책은

유클리드가 들려주는 삼각형 이야기

서기 100여 년 전에 만들어진 중국의 옛 천문 수학책《주비산경》입니다. 이 책은 신라시대에 천문관들의 교재로 사용되기도 했습니다.

이 책에는 구고현의 정리가 적혀 있는데 지금으로부터 3000년 전에 진자라는 사람이 발견한 것입니다. 중국에서 발견된 지 500년쯤 후에 그리스에서 피타고라스가 타일 조각을 보다가 발견하여 서양에서는 피타고라스의 정리[14]라고 부릅니다. 이 정리는 건축과 천문 등 많은 분야에서 이용되기 때문에 이집트, 메소포타미아 등 모든 고대 문명에서 오래전부터 사용해 왔습니다.

⑭ - - - - - - - - - - - - - - - - -
피타고라스의 정리 우리가 생각할 수 있는 모든 종류의 직각삼각형에 적용되는 성질로서 '빗변의 길이의 제곱은 나머지 두 변의 길이 각각의 제곱의 합과 같다'는 수학적 진리다.

저는 피타고라스보다
500년이나 먼저
피타고라스의 정리와 거의 똑같은
그림을 그렸답니다!

▨ 구勾 · 고股 · 현弦의 정리피타고라스의 정리

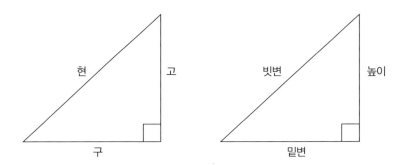

중국에서 직각삼각형의 모양이 다리를 구부린 모양과 비슷하다 하여 구고勾股, 구부릴 구 · 넓적다리 고라 부른 것으로 직각삼각형의 밑변을 구, 높이를 고, 빗변을 현이라고 했습니다.

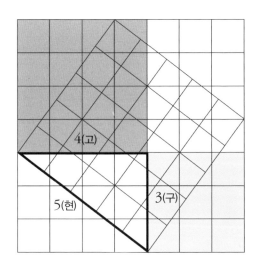

‘구’의 길이가 3이고, ‘고’의 길이가 4, ‘현’의 길이가 5일 때, 《주비산경》에 나온 그림에 의하면 빗변을 한 변으로 하는 정사각형의 넓이는 5의 제곱 즉 $5 \times 5 = 25$입니다. 또한 높이를 한 변으로 하는 정사각형의 넓이는 4의 제곱 $4 \times 4 = 16$이고, 밑변을 한 변으로 하는 정사각형의 넓이는 $3 \times 3 = 9$입니다. 여기서 ‘고’와 ‘구’를 각각 한 변으로 하는 두 정사각형 넓이의 합은 16+9로 빗변을 한 변으로 하는 정사각형의 넓이 25와 같습니다.

즉 $3^2 + 4^2 = 5^2$ 입니다.

$$구^2 + 고^2 = 현^2$$

$$(밑변)^2 + (높이)^2 = (빗변)^2$$

바로 피타고라스의 정리와 같습니다.

이집트인들은 직각을 만들 때 이 직각삼각형의 성질을 이용하였습니다. 일정한 간격으로 매듭이 지어진 밧줄을 사람들이 팽팽히 잡아당기거나 말뚝을 박아 직각을 만들었습니다.

피타고라스의 정리는 너무도 유명하고 그 내용 또한 쉽기 때문에 많은 사람들이 다루어 지금까지 370여 가지가 넘는 증명을 갖고 있습니다.

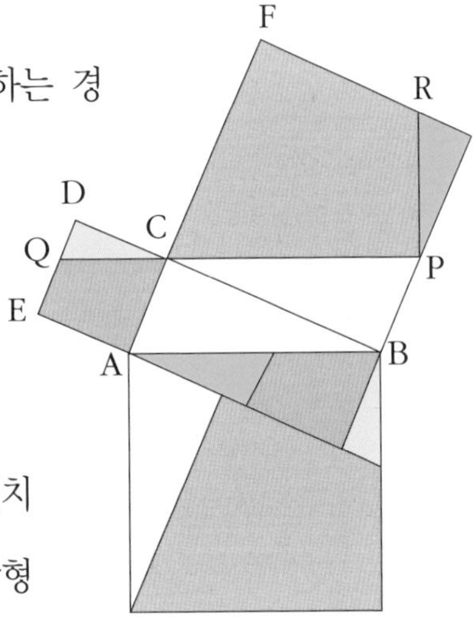

오른쪽과 같이 그림으로 증명하는 경우도 있지만 문자와 기호를 이용하여 논리적으로 증명하는 경우도 있습니다.

직각삼각형 ABC와 합동인 삼각형 4개를 왼쪽 그림과 배치하여 한 변의 길이가 c인 정사각형

유클리드가 들려주는 삼각형 이야기

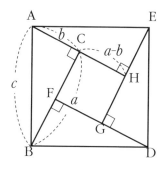

ABDE를 만들면 정사각형 ABDE는 합동인 네 개의 삼각형 ABC, BDF, DEG, EAH와 한 개의 정사각형 CFGH로 나눌 수 있습니다.

이때 정사각형 CFGH는 한 변의 길이가 $a-b$이므로 넓이는 $(a-b)^2$입니다.

따라서 □ABDE = □CFGH + 4△ABC 이므로

$$c^2 = (a-b)^2 + 4 \times \frac{1}{2} ab$$

$$= a^2 - 2ab + b^2 + 2ab$$

그러므로 $c^2 = a^2 + b^2$ 즉 (빗변)^2 = (밑변)^2 + (높이)^2

▨직각삼각형의 다른 성질

직각삼각형은 특별한 성질을 많이 갖고 있는 삼각형입니다. 여러 성질 중 유명한 두 가지만 더 소개하겠습니다. 다른 도형과 직각삼각형의 관계에서 탈레스의 정리라고 불리는 성질이 있습니다. 원과 직각삼각형의 관계를 보여주는 이 정리는 원에 내접하는 삼각형을 관찰할 때 나타나는 것입니다.

중요 포인트

탈레스의 정리

반원에 내접하는 삼각형
은 직각삼각형이다.

원에 내접하는 삼각형의 한 변이 원의 지름을 지나면 그 때
삼각형은 원의 지름을 빗변으로 하는 직각삼각형이 됩니다.

직각삼각형의 여러 성질 중 내 이름을 따서 유클리드의 정리
라 불리는 것이 있습니다. 내가 예전에 피타고라스의 정리를 증
명한 적이 있는데 그때 이 정리들을 이용하여 증명하였기에 사

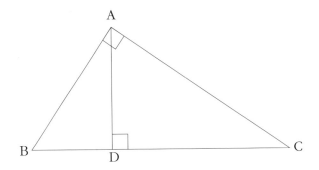

유클리드가 들려주는 삼각형 이야기

람들이 '유클리드의 정리'라고 부릅니다.

이렇게 직각삼각형 ABC에서 빗변 BC와 빗변을 마주보는 꼭짓점 A에서 빗변 BC에 연결한 선분 AD가 수직일 때,
$\overline{AB}^2 = \overline{BC} \times \overline{BD}$ 이고 $\overline{AC}^2 = \overline{BC} \times \overline{CD}$입니다.

'유클리드의 정리'를 증명하기 위해서는 삼각형의 닮음에 대해서 자세히 알아야 하기 때문에 다른 수학자가 설명을 해 줄 것입니다. '탈레스의 정리'도 원과 관련된 수업에서 그 이유를 알아보기 바랍니다.

이렇게 직각삼각형은 여러 가지 중요한 성질을 가지고 있기 때문에 오랫동안 많은 사람들이 다루어 왔습니다. 한국의 역사에도 이런 흔적이 남아 있는데 그 예로 조선시대 유수석이라는 분이 만들었다고 추측되는 《유씨구고술요도해》라는 책이 있습니다. 이 책에는 직각삼각형에 관한 문제가 무려 224개나 들어 있고 이 중 피타고라스 정리와 관련된 문제가 210개, 나머지는 직각삼각형과 원이 연관된 문제로 이루어져있다고 합니다.

▨직각삼각형의 합동조건

일반적인 모든 삼각형들이 합동인지 확인할 수 있는 조건에는 SSS 합동, SAS 합동, ASA 합동이 있습니다. 직각삼각형은 이미 한 내각의 크기가 90°인 것을 알고 있는 특별한 삼각형이기 때문에 이 세 가지 일반적인 합동조건을 사용하지 않고도 합동임을 확인할 수 있습니다.

수학을 좋아하고 잘 이용했다는 프랑스의 나폴레옹은 유럽을 정복하러 다니던 당시 독일군과 국경에서 강을 사이에 두고 싸우게 되었다고 합니다. 독일군에게 대포로 포탄을 쏘아 전쟁에서 이기려고 했으나 병사들이 계속해서 강에 포탄을 쏘거나 적진보다 멀리 포탄을 쏘자 나폴레옹은 포병대장에게 그 이유를 물었습니다. 포병대장은 강의 폭을 정확히 알 수 없어 제대로 대포를 쏠 수 없다고 했습니다. 그러자 나폴레옹은 적진을 바라보고는 시선과 모자를 이용하여 각을 잰 후 자신의 위치에서 적진까지의 거리와 같은 거리에 있는 나무 위치를 포병대장에게 알려주었습니다. 당연히 그 전쟁에서 나폴레옹은 승리를 했습니다. 이때 나폴레옹은 직각삼각형의 합동조건을 이용하여 강

의 폭을 짐작했다고 합니다.

　직각삼각형에서 직각과 마주보는 변을 빗변이라고 합니다.

직각삼각형에서 직각이 아닌 다른 내각들은 한 각의 크기가 정

해지면 다른 각의 크기가 함께 정해집니다. 따라서 두 개의 직

각삼각형을 비교할 때 직각을 제외한 한 쌍의 내각의 크기가 같으면 다른 나머지 내각끼리도 그 크기가 같다는 것을 알 수 있습니다.

이 사실을 기본으로 이용하여 두 직각삼각형의 빗변의 길이와 한 예각의 크기가 각각 같으면 서로 합동인 것을 알 수 있습니다.

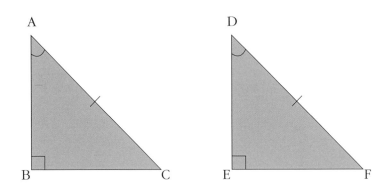

직각삼각형 ABC와 직각삼각형 DEF에서 ∠B=∠E=90°이고, 빗변의 길이와 한 예각의 크기가 같다고 합시다.

한 쌍의 예각 ∠A와 ∠D의 크기가 같다면 ∠C=90°−∠A =90°−∠D=∠F가 되므로 나머지 한 쌍의 예각 ∠C=∠F입니다. 또 빗변의 길이가 같으므로 $\overline{AC}$=$\overline{DF}$ 입니다.

한 쌍의 대응하는 $\overline{AC}$=$\overline{DF}$이고 양 끝각인 ∠A=∠D,

유클리드가 들려주는 삼각형 이야기

∠C=∠F이므로 △ABC와 △DEF는 한 쌍의 대응하는 변의 길이와 양 끝각의 크기가 각각 같은 합동 조건ASA 합동을 만족합니다.

두 직각삼각형에서 빗변의 길이와 한 예각의 크기가 각각 같을 때 두 삼각형은 합동이다.

직각삼각형의 또 다른 합동조건은 빗변의 길이가 같고 다른 한 변의 길이가 같을 때입니다.

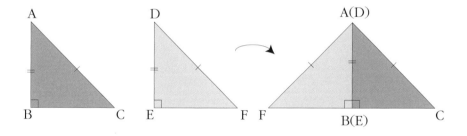

직각삼각형 ABC와 직각삼각형 DEF의 빗변의 길이가 같고 다른 한 변의 길이가 같다면 위의 그림처럼 한쪽 삼각형을 뒤집어서 같은 길이의 변 $\overline{AB}$와 $\overline{DE}$가 겹쳐지도록 놓을 수 있습니다. 이때 ∠ABC+∠ABF= $90°+90°=180°$ 이므로 세 점 F와

B와 C는 한 선분 위에 있습니다. 따라서 삼각형 AFC가 생깁니다.

삼각형 AFC는 만들기 전 직각삼각형의 빗변의 길이가 같다고 했으므로 $\overline{AF}$와 $\overline{AC}$의 길이가 같습니다. 따라서 이등변삼각형이므로 삼각형 AFC의 두 밑각의 크기는 같습니다.

즉 두 밑각 ∠F=∠C이므로 직각삼각형 ABC와 직각삼각형 DEF는 결국 빗변의 길이가 같고 한 예각의 크기가 같다는 것을 알 수 있습니다. 따라서 △ABC≡△DEF입니다.

> 두 직각삼각형에서 빗변의 길이와 다른 한 변의 길이가 각각 같을 때 두 삼각형은 합동이다.

직각은 영어로 Right angle이라 하고, 빗변은 Hypotenuse라고 하기 때문에 이 단어들의 앞 글자를 이용하여 직각삼각형의 합동조건을 간단히 나타내기도 합니다.

유클리드가 들려주는 삼각형 이야기

직각삼각형의 합동조건

빗변의 길이와 한 예각의 크기가 각각 같을 때

⇒ RHA 합동

빗변의 길이와 다른 한 변의 길이가 각각 같을 때

⇒ RHS 합동

아홉번째
수업 정리

❶ 직각삼각형의 빗변의 길이의 제곱은 다른 두 변 즉 밑변의 제곱과 높이의 제곱의 합과 같습니다.피타고라스의 정리 = 구고현의 정리 즉 (빗변)^2 = (밑변)^2 + (높이)^{2}입니다.

❷ 반원에 내접하는 삼각형은 직각삼각형입니다.탈레스의 정리

❸ 각 A가 직각인 직각삼각형 ABC에서, 꼭짓점 A에서 빗변 BC에 수선 D를 내렸을 때 $\overline{AB}^2 = \overline{BC} \times \overline{BD}$이고 $\overline{AC}^2 = \overline{BC} \times \overline{CD}$ 입니다.유클리드의 정리

❹ 직각삼각형은 두 가지 고유의 합동조건을 갖고 있습니다. 두 직각삼각형에서 빗변의 길이와 한 예각의 크기가 각각 같을 때 두 삼각형은 합동입니다.RHA 합동 두 직각삼각형에서 빗변의 길이와 다른 한 변의 길이가 각각 같을 때 두 삼각형은 합동입니다.RHS 합동

우리 주변의 삼각형

삼각형 구조물의 특징과 성질을 알아봅시다.
그 밖에도 우리의 생활 속에서 삼각형은 곳곳에 사용되고
있습니다.

1. 삼각형이 생활 속에서 사용되는 예를 찾아봅니다.
2. 삼각형이 생활 곳곳에서 사용되는 이유를 생각해 봅니다.

미리 알면 좋아요

1. 입체도형 점, 선, 면을 기본으로 하여 구, 원기둥, 원뿔, 각기둥, 각뿔, 다면체 등 공간 내에 있는 각종 도형을 말합니다.

예를 들면, 우리 눈앞에 펼쳐진 모든 것들은 부피를 가지고 있는 공간 속의 도형들입니다. 책상 위에 지우개, 펜, 농구공부터 모든 건물이나 나무까지 두께와 크기를 생각할 수 있는 입체도형들입니다.

2. 다면체 평면다각형으로 둘러싸인 입체도형을 말합니다.

예를 들면, 주변에서 쉽게 볼 수 있는 상자처럼 모든 면이 다각형으로 이루어진 입체도형을 말합니다. 축구공도 다면체인 것을 아시나요? 축구공은 정오각형과 정육각형을 이어 붙여 만들어진 다면체랍니다.

유클리드는 아이들을 데리고 서울에 있는 한강 둔치에 갔습니다. 시원한 바람을 맞으며 아이들과 유클리드는 멀리 보이는 다리를 구경하고 있습니다.

뒷장의 다리는 한강의 15번째 다리인 동호대교입니다. 지하철 3호선이 연결되고 자동차들도 다니는 중요한 다리이지요.

　우리가 지금까지 배운 삼각형은 이 다리에도 이용되고 있습니다. 동호대교는 트러스교로 본체가 트러스만으로 구성된 다리입니다. 트러스는 곧은 철 종류나 나무재료를 이용하여 삼각형을 기본으로 그물 모양의 구조를 만들어 무게를 지탱합니다.

　옛날부터 두 마을 사이에 건너기 어려운 강이 있거나 낭떠러

지가 있을 때 사람들은 다리를 놓았습니다. 짧은 거리라면 다리를 놓는 데 큰 문제가 되지 않겠지만 긴 거리라면 다리를 만드는 데 많은 어려움을 겪게 됩니다.

긴 다리를 놓으려면 튼튼한 재료를 사용해야 합니다. 문제는 철이나 나무같이 튼튼한 재료들을 길게 한 줄로 연결하면 그 무게 때문에 오히려 붕괴하는 경우가 생겼습니다. 또한 많은 재료를 사용하여 튼튼하게 만들려고 하니 재료비가 많이 들었습니다.

이 문제를 해결한 것이 바로 삼각형의 놀라운 힘이었습니다.

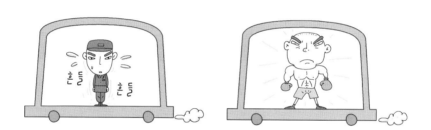

버스를 타 본 적이 있나요? 흔들리는 버스에서 넘어지지 않기 위해 사람들은 다리를 벌리고 서 있게 됩니다. 왼쪽 그림과 같이 막대기처럼 똑바로 서 있는 사람은 흔들릴 때 넘어지게 되지만 오른쪽의 권투 선수처럼 삼각형 모양으로 다리를 벌리고 서 있으면 균형을 잡을 수 있어 잘 넘어지지 않습니다.

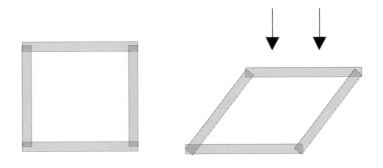

　나무 막대로 직사각형 모양을 만들어 놓고 무거운 물체를 올리거나 힘을 가해 누르면 그 모양이 변형됩니다.

 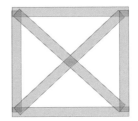

　그러나 여기에 직사각형의 대각선에 해당하는 막대를 하나 넣어 주면 직사각형 모양이 외부의 힘에 의해 잘 변형되지 않게 되고, 두 개의 대각선을 다 만들어 주면 아주 튼튼한 구조물이 됩니다. 이런 원리 때문에 공사장이나 야외 공연장의 무대를 설치할 때 단단한 뼈대를 만들기 위해 삼각형으로 이루어진 골격을 사용합니다.

　　고층 건물은 바람의 영향으로 많이 흔들리기 때문에 꼭대기 층까지 안전하도록 삼각형 틀 4개로 둘러싸인, 즉 X자 모양의 틀이 건물 안에 들어 있습니다.

　　삼각형 구조에서 힘을 얻는 가장 유명한 건축물로는 프랑스 파리에 있는 에펠탑이 있습니다.

에펠탑은 프랑스 혁명 100주년 기념 박람회를 계획하면서 이에 알맞은 기념물의 설계안을 공모할 때 유명한 교량기술자인 구스타브 에펠의 아이디어였습니다.

그 높이가 무려 984피트로 약 300미터에 해당하는 엄청난 건축물인 에펠탑이 만들어지기 전까지는 이탈리아 로마의 베드로 대성당이나 기자의 대피라미드 같은 건축물들이 그 높이와 크기로 유명했습니다. 그러나 이런 건축물들은 모두 에펠탑의 높이에 절반도 못 미치는 건축물들입니다. 높이 말고도 에펠탑이 사람들에게 놀랍게 여겨졌던 것은 불과 몇 개월 만에 적은 수의 사람으로 그리고 저렴한 비용으로 만들어졌다는 것입니다.

에펠탑이 만들어지기 전 그 당시 세계에서 가장 높은 건축물은 미국의 대통령이 사는 백악관 앞의 워싱턴 탑이었습니다. 미국의 남북 전쟁 때문에 그 탑은 만드는 데만 무려 37년이 걸렸고 돌로 힘을 유지하기 때문에 무게는 무려 8만 9천 톤에 가깝다고 합니다.

반면 높이가 워싱턴 탑의 두 배에 달하는 에펠탑의 무게는 대

유클리드가 들려주는 삼각형 이야기

략 6,350톤이라고 하니 삼각형 구조가 가지는 힘이 얼마나 위대한지 생각해 보게 됩니다.

구스타브 에펠은 에펠탑을 설계하기 전에 이미 많은 다리와 고가도로를 만들면서 물과 바람에 잘 견디는 삼각형 구조를 이해하고 있었기에 이런 위대한 건축물을 생각할 수 있었습니다.

삼각형은 변의 길이가 길어지거나 짧아지지 않는 한 그 모양이 변하지 않기 때문에 가장 단순하고 기본적인 도형이면서도 강하고 단단한 성질을 가지고 있습니다. 그래서 안전해야 하는 건물이나 다리 등에 많은 전문가들이 삼각형 구조를 자주 이용합니다.

▨삼각형 모양이 이용되는 물건

강가를 거닐던 아이들은 유클리드에게 단체 사진을 찍자고 했습니다. 주변에 사진을 찍어 줄 만한 사람들이 없어 한 아이가 가지고 온 삼각대를 설치하고 디지털 카메라로 단체 사진을 찍었습니다.

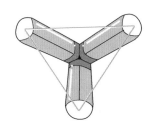

　삼각대가 있어서 우리가 단체 사진을 찍기 편했군요. 삼각대는 사진기를 고정시키기 위한 것으로 3개의 다리를 가지고 있습니다.

　삼각대의 다리는 놓이는 장소에 따라 적절히 그 길이를 조절할 수 있기 때문에 카메라를 안전하게 고정해 줍니다. 삼각대를 밑에서 보면 다리 끝이 정삼각형을 이루고 있습니다. 정삼각형은 변의 길이가 모두 같고 내각의 크기도 같기 때문에 세 개의 꼭짓점에 골고루 힘이 나누어지게 됩니다.

　이런 원리는 우리 주변의 많은 물건에 이용됩니다. 비디오 촬영이나 영화 촬영을 할 때 사용되는 영사대도 바퀴가 달린 삼각대와 카메라를 올려놓는 판으로 이루어져 있습니다. 악기를 연주하거나 노래를 할 때 사용되는 악보대도 대부분 다리 부분이 삼각형 모양으로 되어 있어 균형을 유지합니다.

유클리드가 들려주는 삼각형 이야기

　우리가 과학 실험을 할 때 사용했던 삼발이도 삼각형을 이용한 대표적인 물건입니다. 삼발이와 같은 가열 도구 중에 야외에서 특히 산 속처럼 장소가 좁은 곳에서 음식을 익히기 위해 사용되는 버너도 그릇을 올려놓는 부분이 삼각형 지지대로 된 것들이 많습니다. 정삼각형의 꼭짓점들은 힘을 고르게 받아 안정적이며, 간단하게 만들 수 있기 때문에 휴대하기 좋아 생활 속에서 많이 이용됩니다.

유클리드는 아이들과 함께 점심을 먹고 있습니다. 한 아이가 가방에서 삼각 김밥을 꺼냈습니다. 아이들은 즐겁게 식사를 한 후 마지막으로 유클리드와 얘기를 나누고 있습니다.

우리가 나누어 먹은 삼각 김밥은 모양이 참 특이하지요? 이렇게 우리가 먹는 음식에도 삼각형 모양이 숨어 있습니다.

삼각기둥[15]의 윗면과 아랫면은 합동인 삼각형이고 서로 평행이며 옆면은 직사각형입니다. 삼각기둥 모양을 지닌 물체 중에 대표적인 것으로 프리즘이 있습니다. 프리즘은 빛을 통과시키면 빛이 분산되거나 굴절되는 수정 물체로 빛과 관련된 기계에 사용됩니다.

종이를 가지고 책상 위에 놓는 달력을 만들거나 게시물을 만들 때도 삼각형 면을 가지고 있는 삼각기둥을 이용합니다. 만들기 쉬우면서도 균형을 잘 잡고 서 있기 때문입니다.

[15] 삼각기둥 밑면이 삼각형인 기둥체

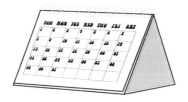

삼각형이 면으로 사용되는 입체도형에는 삼각기둥 말고도 삼
각뿔이나 사각뿔 같은 각뿔들이 있습니다. 각뿔들은 이집트의

피라미드처럼 거대한 건축물에서도 찾아볼
수 있고 이렇게 선물 상자 같이 조그만 물
건에서도 사용됩니다. 밑면이 삼각형이고
위로 갈수록 뾰족하기 때문에 안정적인 모
양을 갖고 있습니다.

삼각뿔 중에서 네 개의 면이 모두 정삼각형인 경우가 있습니
다. 이런 도형을 특별히 정사면체라고 부릅니다. 정삼각형이 세
변의 길이가 같고 세 내각의 크기가 모두 같은 삼각형이기 때문
에 정사면체도 모든 면의 크기와 모양이 같은 도형입니다. 정사
면체는 정다각형으로 만들어지는 5개의 입체도형[16]

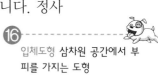

16 -----------
입체도형 삼차원 공간에서 부
피를 가지는 도형

중에 하나로 바깥의 겉넓이에 비해 안쪽은 최소의

부피를 갖습니다. 또한 인공위성처럼 공중에 떠서 어느 방향으로 있든 계속해서 빛을 흡수해야 하는 물체의 모양으로 알맞은 도형입니다. 무엇보다 아주 튼튼한 구조의 도형이기에 탄소가 정사면체로 배열되면서 만들어진 다이아몬드는 아주 단단한 물질입니다. 다이아몬드는 탄소 원자가 정사면체의 각 정점에 배열되어 있으며 그것이 연속적으로 결합한 구조를 이루고 있습니다.

전화기를 발명한 발명가이자 과학자인 벨을 아나요? 벨은 스코틀랜드에서 음성이 만들어지고 그것이 들리는 과정에 대해 연구했고, 미국에서 음성에 관한 연구와 함께 전기를 통한 소리의 전달에 대해서도 연구한 사람입니다. 결국 자신의 음성을 전기로 전달하는 데 성공하여 특허를 따고 벨 전화 회사를 설립한 발명가이지요.

다양한 것들을 발명했던 벨은 1904년에 정사면체 건축물에 대한 특허를 취득하기도 했습니다. 벨은 정사면체가 4개의 면으로 둘러싸인 입체도형이기 때문에 건물로 만들면 벽을 적게 만들어도 된다고 생각하였습니다. 그래서 통나무집 모형을 만들었는데 벨이 만든 통나무집에는 한 가지 단점이 있었습니다.

정사면체는 겉넓이에 비해 내부 부피가 작기 때문에 답답하게 여겨진다는 것이었습니다.

벨은 전화기를 발명한 후에도 여러 가지 발명을 계속해 선박을 보다 빠르게 항해할 수 있게 하는 수중 날개를 고안했고, 사람들이 탈 수 있는 연을 만들기도 했습니다. 이 연을 만들 때도 벨은 정사면체 모양의 작은 연을 여러 개 묶어 큰 연을 만들었다고 합니다.

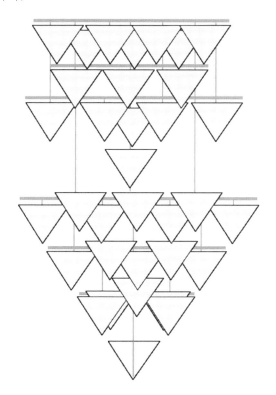

정삼각형을 한 면으로 하는 정다면체에는 정팔면체와 정이십 면체도 있습니다. 이렇게 삼각형은 평면도형 자체로도 많은 성질을 갖고 있으면서 동시에 입체도형의 한 면으로 이용되면서 여러 가지 다른 성질들을 갖고 있습니다.

지금까지 우리는 모든 도형의 기본 도형인 삼각형의 이모저모를 알아보았습니다. 삼각형은 세 점과 세 변으로 이루어진 가장 단순한 도형이면서 다른 다각형을 이루는 기본 도형입니다. 또한 그 종류도 다양합니다. 도형의 합동, 닮음 등 중요한 특징들이 삼각형의 합동, 닮음을 통해 설명되고, 직각삼각형같이 특별한 삼각형의 경우 중요한 성질을 가지고 있어 많은 분야에서 이용되어 왔습니다. 무엇보다 삼각형의 안정적이고 튼튼한 구조적 특성 때문에 생활 속의 많은 부분에 삼각형의 원리가 숨어 있습니다.

도형은 우리와 그리 멀지 않은 수학입니다. 우리 몸도 입체도형이 될 수 있고 우리가 사용하는 많은 물건들도 삼각형, 사각형으로 이루어져 있습니다. 가까이에서 접하는 모양에서 시작해 도형에 대한 성질을 탐구하고, 알아 낸 성질을 이용하여 다

른 분야에 이용하는 것이 바로 도형 학습입니다. 편한 마음으로
우리 주변의 도형을 관찰하며 즐겁게 그 성질을 배워 나가길 바
랍니다.

마지막 수업을 마친 유클리드는 아이들에게 삼각뿔 모양의
선물 상자를 나누어주며 기분 좋게 작별 인사를 했습니다.

열번째
수업 정리

❶ 삼각형은 변의 길이가 달라지지 않는 한 그 모양이 변하지 않기 때문에 강하고 단단한 성질을 가지고 있어 건축물이나 다리를 만들 때 삼각형 구조가 많이 이용됩니다.

❷ 삼각형 특히 정삼각형의 꼭짓점들은 힘의 균형을 고르게 받습니다. 따라서 안정감이 있기 때문에 삼각대처럼 간단한 구조로 세워야하는 물건을 만들 때 물건의 다리를 세 개로 만들어 삼각형 모양을 이루게 합니다.

❸ 삼각기둥, 각뿔, 정사면체, 정팔면체, 정이십면체 등 삼각형을 면으로 갖는 입체도형들은 안정적이고 그 구조가 튼튼하여 자연 속이나 생활 속에서 사용된 예를 많이 찾을 수 있습니다.